Sarah S. Samson

Kostensenkungspotential des Herstellungsprozesses von CF-Precursoren

AF138581

Sarah S. Samson

Kostensenkungspotential des Herstellungsprozesses von CF-Precursoren

Wirtschaftliche Auswirkungen einer technischen Weiterentwicklung des Waschprozesses

Reihe Realwissenschaften

Impressum / Imprint

Bibliografische Information der Deutschen Nationalbibliothek: Die Deutsche Nationalbibliothek verzeichnet diese Publikation in der Deutschen Nationalbibliografie; detaillierte bibliografische Daten sind im Internet über http://dnb.d-nb.de abrufbar.

Alle in diesem Buch genannten Marken und Produktnamen unterliegen warenzeichen-, marken- oder patentrechtlichem Schutz bzw. sind Warenzeichen oder eingetragene Warenzeichen der jeweiligen Inhaber. Die Wiedergabe von Marken, Produktnamen, Gebrauchsnamen, Handelsnamen, Warenbezeichnungen u.s.w. in diesem Werk berechtigt auch ohne besondere Kennzeichnung nicht zu der Annahme, dass solche Namen im Sinne der Warenzeichen- und Markenschutzgesetzgebung als frei zu betrachten wären und daher von jedermann benutzt werden dürften.

Bibliographic information published by the Deutsche Nationalbibliothek: The Deutsche Nationalbibliothek lists this publication in the Deutsche Nationalbibliografie; detailed bibliographic data are available in the Internet at http://dnb.d-nb.de.

Any brand names and product names mentioned in this book are subject to trademark, brand or patent protection and are trademarks or registered trademarks of their respective holders. The use of brand names, product names, common names, trade names, product descriptions etc. even without a particular marking in this work is in no way to be construed to mean that such names may be regarded as unrestricted in respect of trademark and brand protection legislation and could thus be used by anyone.

Coverbild / Cover image: www.ingimage.com

Verlag / Publisher:
AV Akademikerverlag
ist ein Imprint der / is a trademark of
OmniScriptum GmbH & Co. KG
Heinrich-Böcking-Str. 6-8, 66121 Saarbrücken, Deutschland / Germany
Email: info@akademikerverlag.de

Herstellung: siehe letzte Seite /
Printed at: see last page
ISBN: 978-3-639-80638-0

Inhaltsverzeichnis

Abbildungsverzeichnis

Tabellenverzeichnis

Abkürzungs- und Formelverzeichnis

Neben den allgemein bekannten Abkürzungen und üblichen physikalischen Einheiten wurde verwendet:

BMW	Bayerische Motoren Werke
CF	Carbonfasern
CFK	Carbonfaserverstärkte Kunststoffe
DMF	Dimethylformamid
DMSO	Dimethylsulfoxid
EEG	Erneuerbare-Energien-Gesetz
HM	Hochsteife Carbonfasern [high modulus]
HT	Hochfeste Carbonfasern [high tensity]
ITA	Institut für Textiltechnik Aachen
NaSCN	Natriumthiocyanat
PAN	Polyacrylnitril
PC	Carbonfaser-Precursoren
TGA	Thermogravimetrische Analyse
$ZnCl_2$	Wässrige Zinkchlorid-Lösung

Formelzeichen

α	Anstellwinkel

1   Einleitung und Zielsetzung

Eines der aktuellen Topthemen ist die Energiewende. Ein politischer Punkt auf der Agenda ist momentan vor allem die Reform des Erneuerbaren-Energie-Gesetzes (EEG). Davon bezieht sich ein Reformpunkt auf die Verminderung der Treibhausgasemission in den kommenden Jahren [WWS+11]. Das hat spürbare Folgen, vor allem für die Automobilindustrie. Als Vorreiter hat die Bayerische Motoren Werke (BMW) AG, München, dies zum Anlass genommen, die Elektromobilität verstärkt zu erforschen. Ein Elektromotor ist nahezu Kohlenstoffdioxid-neutral. Elektrobetriebene Autos verfügen aber über eine begrenzte Reichweite [www12a], was sie für viele Autofahrer, besonders Pendler nicht alltagstauglich macht. Eine Gewichtsreduzierung der Karosserie würde das Mehrgewicht der Batterie ausgleichen und damit mehr Reichweite verschaffen [www13a]. Auch hierfür hat BMW mit dem kürzlich präsentierten i3 eine Lösung gefunden: Die Karosserie besteht zu großen Teilen aus carbonfaserverstärkten Kunststoffen (CFK). Hervorragende Eigenschaften wie maximale Zugfestigkeit und Steifigkeit bei geringem Gewicht machen Carbonfasern (CF) zu dem Zukunftsmaterial. Neben der Automobilindustrie erkennen immer mehr Branchen, darunter Luftfahrt, Windenergie und Sportartikel, die vielen Vorteile durch den Einsatz von Carbonfasern. In Abb. 1.1 ist ein Überblick über die verschiedenen Anwendungsgebiete gegeben.

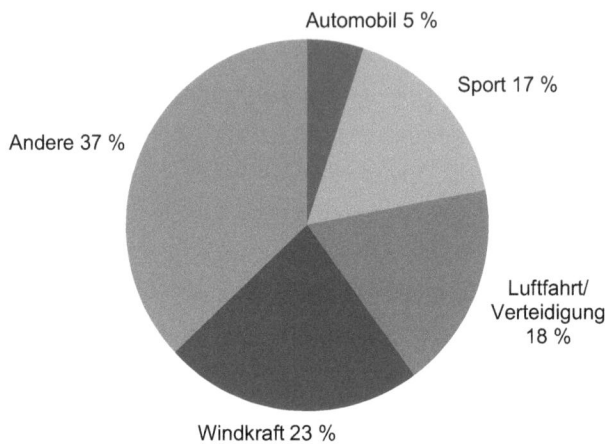

Abb. 1.1: Globaler Carbonfaserverbrauch nach Einsatzgebieten (2012) [www13b]

Das steigende Interesse spiegelt sich in aktuellen Marktberichten wider. In Abb. 1.2 ist eine Darstellung der Prognosen für den weltweiten Bedarf von Carbonfasern für die kommenden Jahre zu sehen. Demzufolge wird die Nachfrage bis 2020 um das Dreifache ansteigen. [www13b]

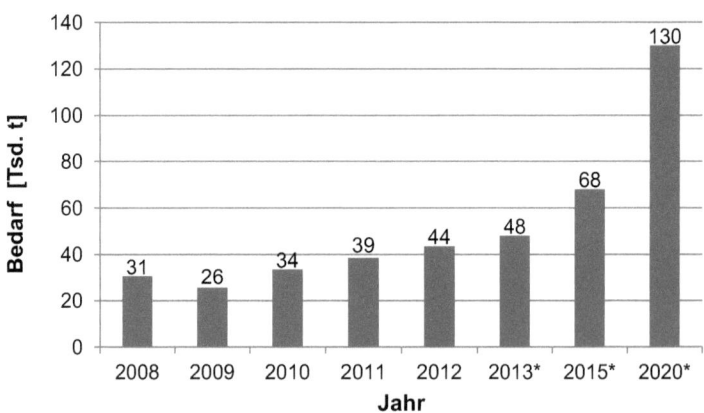

Abb. 1.2: Globaler Bedarf von Carbonfasern in Tonnen [* Schätzungen; www13b]

Ein Faktor, der den Mengenabsatz verhindern könnte, besteht in den hohen Kosten. Derzeit belaufen sich die Kosten in der Automobilindustrie für Komponenten auf Basis von Kohlenstofffasern auf ungefähr 100 €/kg [www12b]. Um für den Masseneinsatz interessant zu werden, müssten diese auf ein Drittel gesenkt werden [www13b]. Vor allem die aufwändige Produktion verursacht den hohen Preis [AVK10]. Könnten die Herstellungskosten erheblich reduziert werden, würde dies eine deutliche Steigerung der Nachfrage nach sich ziehen.

In dieser Arbeit liegt der Fokus auf der Precursorproduktion. Durch technische Optimierung und Variation der Prozessparameter wird anhand des Waschprozesses, ein fester Bestandteil der Prozesskette zur Herstellung von Precursoren, eine realistische Möglichkeit des Kostensenkungspotentials aufgezeigt.

Zunächst wird dargestellt, welche Anforderungen bei der Optimierung des Prozesses beachtet werden müssen. Durch eine Kostenanalyse wird anschließend gezeigt, wie eine einfache, doch effiziente Reduzierung der Kosten bewirkt werden kann. Daraus resultieren die experimentellen Weiterentwicklungen, die daraufhin auf ihre Effektivität untersucht und ausgewertet werden. Die Ergebnisse und die wirtschaftlichen Berechnungen zeigen, dass eine Senkung der Herstellungskosten von Precursoren und somit ein günstigerer Preis für Kohlenstofffasern möglich ist.

2 Carbonfasern

Der Durchmesser einer typischen Carbonfaser liegt bei 7 µm und beträgt damit etwa ein Zehntel des Durchmessers eines menschlichen Haars. Dennoch bestechen Carbonfasern durch ihre hervorragenden Eigenschaften. Sie weisen zum Beispiel bei einem relativ niedrigen spezifischen Gewicht (bis zu 80 % leichter als Stahl) eine hohe Festigkeit und hohe Steifigkeit auf [www08]. Damit stellen sie ein ausgezeichnetes Substitutionsmaterial für viele Hochleistungsanwendungen, insbesondere für den effizienten Leichtbau, dar. [JH10]

Carbonfasern werden aus kohlenstoffhaltigen Polymeren, vorzugsweise auf Basis von Polyacrylnitril (PAN), hergestellt [AVK10]. Abhängig von dem Herstellungsprozess lassen sich kommerzielle Fasern in zwei Gruppen einteilen (siehe Abb. 2.1): Hochfeste Fasern (HT: high tensity) mit einem Kohlenstoffgehalt von 93 bis 95 % und hochsteife Fasern (HM: high modulus) mit einem Kohlenstoffgehalt von mehr als 99 %. [JH10]

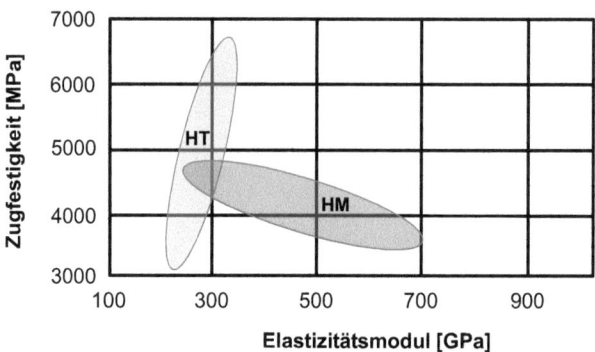

Abb. 2.1: Gruppierung kommerzieller Carbonfasern in Abhängigkeit von mechanischen Eigenschaften, eigene Darstellung nach [JH10]

Die Qualität und die mechanischen Eigenschaften von CF hängen in hohem Maße von der Qualität der PAN-basierten Vorläuferfasern, den sogenannten Precursoren, ab. Ein bis in den molekularen Bereich fehlerfreier Precursor vermeidet die Ausbildung struktureller Defekte in der Carbonfaserstruktur während des Produktionsprozesses.

Die Herstellung von CF aus PAN untergliedert sich in drei Hauptprozessschritte:

I. Erzeugung von PAN aus Acrylnitril
II. Precursorherstellung
III. Weiterverarbeitung zur Carbonfaser

Zunächst wird aus dem aus Erdöl gewonnenen farblosen und flüssigen Acrylnitril mittels eines Polymerisationsprozesses das kettenartige Polymer PAN gewonnen. Die zwei häufigsten Polymerisationsprozesse sind zum einen die Lösungsmittelpolymerisation – Acrylnitril wird in Lösemittel gelöst – und zum anderen die Dispersionspolymerisation – Acrylnitril wird in Wasser emulgiert. Zur Steuerung der Polymerisationsreaktion werden der Lösung oder Emulsion ein oder zwei Comonomere (Itacon- und Methacrylsäure), sowie Initiatoren und Redoxsysteme zugefügt [Mas95]. Diese erleichtern den nachfolgenden Spinnprozess und ermöglichen chemische Reaktionen bei moderaten Temperaturen, sodass spätere Hochtemperaturprozesse unter industriellen Bedingungen ablaufen können. [JH10]

Für den Spinnprozess muss zunächst eine Spinnlösung hergestellt werden. Das aus der Lösungsmittelpolymerisation gewonnene Polymer bleibt im Lösemittel gelöst und kann direkt zum PAN-Precursor versponnen werden. Wohingegen das Polymer aus der Dispersionspolymerisation zunächst getrocknet und dann in Form von weißem Pulver erneut mit einem anorganischen oder organischen Lösemittel zu einer spinnbaren Lösung vermischt wird, um dann im Lösungsmittelspinnprozess zum Precursor versponnen zu werden. Letzterer Prozess wird in Abschnitt 3.2 ausführlicher beschrieben.

Die anschließenden Prozessschritte dienen der Nachbehandlung der Precursoren und bestehen aus Waschen, Trocknen und Verstrecken. [Mas95]

Die fertigen Precursoren werden mehrfachen Behandlungen in verschiedenen Hochtemperaturöfen unterzogen, um die gewünschten Eigenschaften der Carbonfaser einzustellen (siehe Abb. 2.2). Hierbei sind vor allem die chemische Zusammensetzung und die Temperatur der Ofenatmosphäre wichtig, da diese bestimmen, wie hochwertig die Qualität der produzierten Faser ist.

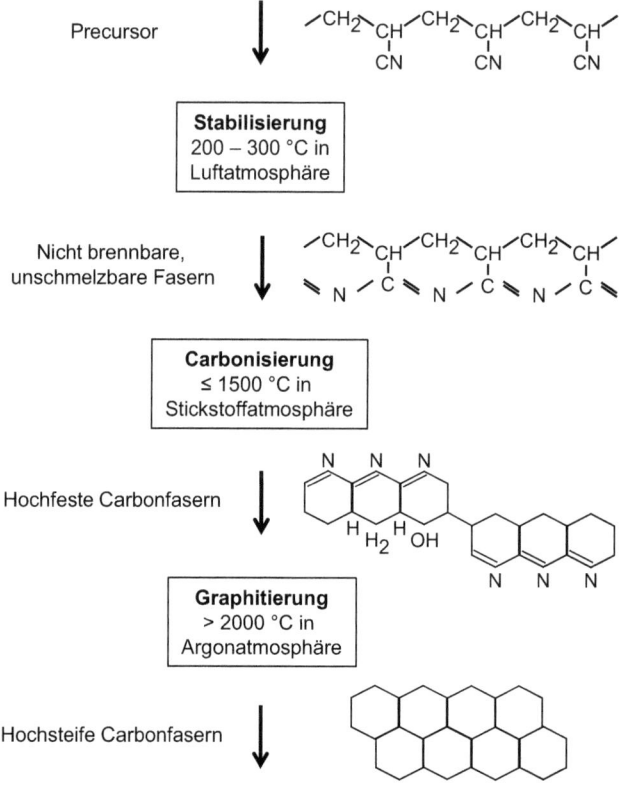

Abb. 2.2: Prozess Carbonfaserproduktion [JH10, Mor05]

Der Stabilisierungsprozess findet bei Temperaturen zwischen 200 und 300 °C in einer Luftatmosphäre statt. Die Oxidation, Zyklisierung und Dehydrierung der Faser bewirken eine Umwandlung in eine stabilere molekulare

Leiterstruktur und die Transformation zu nicht schmelzbaren und nicht brennbaren Fasern.

Bei der Carbonisierung werden die stabilisierten Fasern in zwei hintereinander geschalteten Öfen bis auf ungefähr 1.500 °C erhitzt. Dabei erhalten die Fasern die gewünschte Kohlenstoff-Schichtstruktur. Dieser Prozessschritt findet in einer Stickstoffatmosphäre statt um einen durch Oxidation eingeleiteten starken Materialverlust zu vermeiden. Restliche Fremdatome verlassen die Faser in gasförmigen Verbindungen. Der zurückgebliebene Kohlenstoff ordnet sich in planarer sechseckiger Ringstruktur an. Am Ende dieses Prozessschrittes liegt die hochfeste Faser vor. Ist dieses Zwischenprodukt gewünscht, endet hier die Temperaturbehandlung, da Temperaturen über 1.500 °C zu einer Abnahme der Festigkeit führen.

Sind jedoch hochsteife Fasern das Ziel, folgt die Graphitierung. Die Faser durchläuft weitere Temperaturbehandlungen bis über 2.000 °C. Eine zunehmend parallele Anordnung der Kohlenstoffebenen findet statt. Dies bewirkt eine Annäherung an graphitische Strukturen mit einer nahezu 100 prozentigen Kohlenstoffausbeute. Trotz des Festigkeitsverlustes wird eine Verbesserung der mechanischen Steifigkeit, begleitet durch eine Erhöhung der thermischen und elektrischen Leitfähigkeit, erreicht. [JH10]

Abschließend werden die entstandenen Carbonfasern einer elektrochemischen Oberflächenbehandlung unterzogen und durch ein Finish für spätere textiltechnische Verarbeitungen vorbereitet. [Mas95]

3 Herstellung der Precursoren aus Polyacrylnitril

Wie bereits in Kapitel 2 erwähnt, wird die Qualität der Carbonfasern im Wesentlichen von der Qualität der Vorfasern bestimmt. Deshalb ist es besonders wichtig, den Precursor-Herstellungsprozess unter konstanten Bedingungen ablaufen zu lassen, um kontinuierlich ein hochwertiges Endprodukt garantieren zu können. Eine Korrektur von Fehlstellen ist rückwirkend nicht mehr möglich.

Die Fertigung der Precursoren besteht hauptsächlich aus drei Teilen: Die Herstellung der Spinnlösung, die Fadenbildung und die anschließende Nachbehandlung, in der die PAN-Fasern verstreckt, gewaschen und getrocknet werden. Die Reihenfolge der Nachbehandlungsschritte ist jedoch nicht standardisiert und kann je nach Maschine variieren. In Abb. 3.1 ist ein Beispiel des Aufbaus der Fertigungsanlage von Precursoren zu sehen.

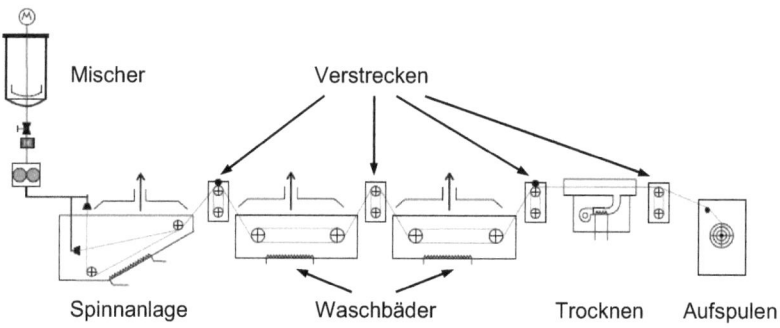

Abb. 3.1: Schematischer Aufbau einer Spinnanlage (Labormaßstab)

Die einzelnen Prozessschritte sowie mögliche Variationen dieser werden im Folgenden genauer erläutert. Als Ausgangsmaterial für die Precursoren wird PAN gewählt, da es sich zu etwa 90 % im weltweiten Markt durchgesetzt hat.

3.1 Spinnlösungsherstellung

Das als Pulver vorliegende PAN muss zunächst zu einer spinnbaren Masse verarbeitet werden. Da sich das PAN beim Erhitzen eher zersetzt als dass es schmilzt, wird es in einem exakt definierten Verhältnis in einem geeigneten Lösungsmittel gelöst. Beide Komponenten werden in einem entgasten Mischer zu einer homogenen und luftblasenfreien Spinnlösung vermischt, da Luftblasen, ungelöste Polymeranteile, Unreinheiten sowie größere Partikel die Qualität der Spinnfäden und somit der Carbonfasern erheblich vermindern. [Mor05, GRS02]

In der Industrie werden, abhängig vom anschließenden Lösungsmittelspinnprozess, sowohl organische Lösemittel – Dimethylformamid (DMF), Dimethylsulfoxid (DMSO) - als auch wässrige Lösungen anorganischer Salze – Natriumthiocyanat (NaSCN) und wässrige Zinkchlorid-Lösung ($ZnCl_2$) – als Lösemittel eingesetzt [Mor05]. Diese Lösemittel haben den Vorteil, dass sie in Wasser löslich sind. Somit ist es möglich, sie durch eine Nachbehandlung wieder aus den Fasern herauszulösen. [Mas95]

DMF fordert im Gegensatz zu DMSO aufgrund seiner Toxizität hohe Sicherheitsanforderungen, weshalb Letzteres in der Industrie verstärkt Anwendung findet [GRS02, www13c]. Im Zuge dieser Arbeit wird im experimentellen Teil sowie in der wirtschaftlichen Betrachtung DMSO als Lösemittel zugrunde gelegt.

3.2 Lösungsmittelspinnprozess

Beim Spinnprozess wird aus der Spinnlösung der eigentliche Faden gewonnen. Grundsätzlich werden zwei unterschiedliche Spinnmethoden für in Lösungsmittel gelöste Polymere in der Industrie angewendet: Trockenspinnen und Nassspinnen.

Trockenspinnen wird aktuell ausschließlich bei Spinnlösungen auf Basis von DMF eingesetzt. Die Spinnlösung wird mittels einer Pumpe durch eine Düse mit mehreren kleinen Bohrungen extrudiert. Die Düse befindet sich oberhalb eines vertikalen Spinnschachts, durch den die austretenden Filamente durchgeführt werden. Dort sind sie von einem erhitzen Gas umgeben. Die Temperatur der Gasatmosphäre ist höher als die Siedetemperatur des Lösemittels, sodass dieses aus den Filamenten heraus verdampfen kann und eine Verhärtung der einzelnen Fasern verursacht. Die Fäden werden unterhalb des Schachts gebündelt und zur Nachbehandlung weitergeleitet. Das Faserbündel wird in der Literatur auch als Tow oder Kabel bezeichnet. [Mas95]

Nassspinnen ist mit 85 % das weltweit am häufigsten eingesetzte Spinnverfahren für PAN-Fasern [GRS02]. Eine schematische Darstellung des Nassspinnverfahrens ist in Abb. 3.2 gegeben. Beim Nassspinnen wird die Spinnlösung durch eine in ein Spinnbad, oder auch Koagulationsbad genannt, abgesenkte Düse mit zahlreichen Bohrungen gepresst. Das Bad besteht zum einen aus dem in der Faser enthaltenen Lösungsmittel, zum anderen aus einem Fällungsmittel (meist destilliertes Wasser). Sobald die Filamente aus der Düse in das Spinnbad eintreten, beginnt der Koagulationsprozess. Das Lösungsmittel diffundiert aus der Spinnlösung heraus und die Filamente verfestigen sich. Wie beim Trockenspinnen wird das gesponnene Faserbündel zur Nachbehandlung weitergeleitet. [Mor05]

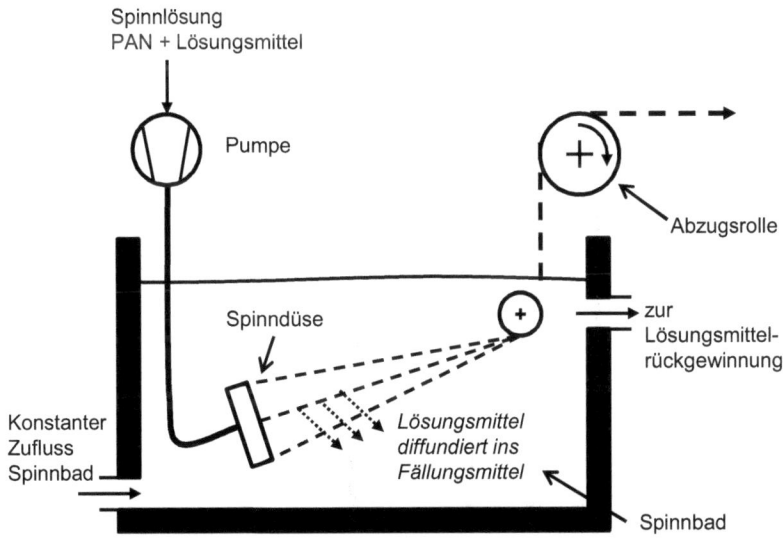

Abb. 3.2: Prinzip des Nassspinnens in Anlehnung an [Mas95]

Da Lösemittel sehr teuer ist, allerdings in großen Mengen zur Herstellung der Spinnlösung eingesetzt wird, ist eine Wiederverwendung aus ökonomischen und ökologischen Gründen wünschenswert. Die Rückgewinnung wird über mehrstufige Destillationsprozesse durchgeführt und ermöglicht eine Wiedergewinnung von nahezu 95 % des für die Herstellung der Spinnlösung verwendeten Lösungsmittels. [GRS02]

3.3 Verstrecken

Der Verstreckungsprozess ist ein variabler Prozessschritt. Er kann sowohl vor dem Waschen, als auch vor oder nach dem Trocknen und zudem mehrmals durchgeführt werden [JH10]. Das Ziehverfahren funktioniert über mehrere Galettenpaare, die mit unterschiedlichen Geschwindigkeiten rotieren. So ist eine bis zu 12-fache Verstreckung möglich [Mor05]. PAN-basierte Fasern werden meist mit einem sechs- bis achtfachen Ziehverhältnis, nassgesponnene Fasern sogar stärker verstreckt. [GRS02]

Üblicherweise wird die Faser dabei durch eine oder mehrere Quintett- oder Septett-Streckwerke geleitet [Fou99], wobei sie zwischen zwei Verstreckungsstufen durch ein aufgeheiztes Wasserbad mit geringem Lösungsmittelanteil durchgeführt wird. Die Lösungsmittelspinnanlage, die in Abb. 3.2 abgebildet ist, weist vier Streckstufen auf.

Aufgrund der Verstreckung wird der Durchmesser der Faser um ein Drittel bis ein Halb reduziert. Dies bewirkt eine starke Molekül- und Kristallausrichtung in Faserlängsrichtung. Dadurch wird eine erhebliche Verbesserung der mechanischen Eigenschaften der Precursoren und schließlich auch der Carbonfasern erreicht. [JH10]

3.4 Waschen

Der Waschprozess soll den restlichen Lösungsmittelanteil, der sich nach der Koagulation noch in der Faser befindet, möglichst weitgehend entfernen. Der konventionelle Aufbau besteht, wie in Abb. 3.1 zu sehen ist, grundsätzlich aus einer Anreihung von Waschbädern, die mit zunehmend heißem Wasser gefüllt sind, und ermöglicht so eine graduelle Waschleistung. Der Faden wird dabei häufig mittels Tauchstäben oder Tauchrollen unter Spannung durch das Wasser gelenkt. Aufgrund des angestrebten Konzentrationsausgleichs diffundiert das Lösungsmittel aus den Fasern in das Wasser und wird im Gegenstrom aus dem Bad zur Lösungsmittelrückgewinnung weitergeleitet. Auf diese Art liegt eine konstante Konzentration des Waschwassers vor. Um die mitgeschleppte Waschflüssigkeit zu verringern, werden die Fasern zwischen den Bädern durch Abquetschrollen geleitet.

Nachfolgend soll zunächst erläutert werden, welche Anforderungen für diesen Prozess beachtet und erfüllt werden müssen, um die Fasern möglichst schonend zu reinigen. Weiterhin werden einige Ergebnisse alternativer Waschmethoden vorgestellt, die aus Überlegungen der Prozessoptimierung bereits recherchiert wurden. Drei gewählte Konzepte werden dabei besonders hervorgehoben, da sie den Kern der anschließenden technischen und wirtschaftlichen Betrachtung dieser Arbeit bilden.

3.4.1 Prozessanforderungen

Die Berücksichtigung der Wirtschaftlichkeit übt einen großen Einfluss auf die Gestaltung des Waschprozesses aus. Die Faser muss möglichst effizient gereinigt ohne dabei beschädigt zu werden. Schäden können beispielsweise entstehen, wenn die Faser durch auftretende Reibungskräfte in der Strömung zu schwingen beginnt. [Hut05]

Die Hauptaufgabe des Waschprozesses besteht in der nahezu vollständigen Entfernung des restlichen Lösungsmittels aus der Faser. Dabei ist zu beachten, dass das Lösemittel sowohl im Feststoff gelöst, als auch in der Flüssigkeit, die zwischen den einzelnen Filamenten eingeschlossen ist, vorliegt. Der in Abb. 3.3 abgebildete Querschnitt durch ein Faserbündel soll dies veranschaulichen. Das Faserbündel ist von Waschwasser umgeben. Die Einzelfilamente schließen Flüssigkeit in den Zwischenräumen ein, die aufgrund des Diffusionsprozesses eine höhere Lösungsmittelkonzentration aufweist als das restliche Wasser [Wag88].

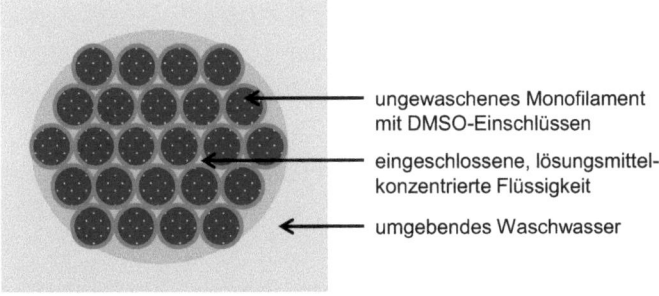

Abb. 3.3: Lösemitteleinschlüsse im Faserbündel, eigene Darstellung nach [Wag88]

19

Daraus resultieren drei unterschiedliche Parameter, die für die Gestaltung des Waschprozesses eine große Rolle spielen:

1. Verweilzeit:
   Das Lösungsmittel diffundiert aus den Einzelfilamenten heraus. Da der Diffunsionsmechanismus zeit-, temperatur- und konzentrationsabhängig ist, wird die Waschleistung durch eine längere Einwirkzeit intensiviert. [Wag88]

2. Anzahl der Waschstufen:
   Das Befreien des Lösungsmittels aus den Zwischenräumen läuft in einem konvektiven Prozess ab. Die eingeschlossene Flüssigkeit wird im Austausch mit Waschwasser verdünnt und schließlich weitestgehend von Lösungsmittel befreit. Um sicherzustellen, dass keine Rückstände verbleiben, wird eine angemessene Anzahl an Waschbädern benötigt. Durch den modularen Aufbau der Waschanlage lassen sich die Waschstufen beliebig oft wiederholen. [Wag88]

3. Durchflussmenge des Waschwassers:
   Der Erfolg des Waschprozesses wird an der abtransportierten Lösungsmittelmenge gemessen. Der Stoffmengentransport zwischen Faser und umströmenden Wasser läuft über den Diffusionsprozess ab. Um die Diffusion zu verstärken und folglich eine bessere Waschleistung zu erlangen, muss zum einen durch einen kontinuierlichen Wasseraustausch ein konstanter Konzentrationsgradient garantiert werden. Zum anderen muss die Durchflussrate des Wassers so justiert sein, dass die für die Diffusion notwendigen Turbulenzen entstehen. Dabei ist jedoch zu beachten, dass die Faser nicht beschädigt werden darf. [Kes12]

Da eine hohe Anzahl an Waschbädern weder ökonomisch noch in der Praxis umsetzbar ist, gibt es verschiedene Möglichkeiten, die Menge an Waschstufen zu reduzieren. Findet das Waschen der Precursoren vor beziehungsweise im Wechsel mit dem Verstrecken statt, so können die Fasern relativ langsam durch den Prozess transportiert werden. Dies ermöglicht eine höhere Verweilzeit ohne mehr Platz zu beanspruchen. Neben der Erhöhung der Durchflussrate des Waschwassers kann die Waschleistung in den einzelnen Bädern zusätzlich verstärkt werden, indem das Waschwasser entgegen der Fadenrichtung läuft. [GRS02]

Die nachfolgenden Methoden in Abschnitt 3.4.2 zeigen unterschiedliche Lösungsansätze, um die obengenannten Anforderungen zu erfüllen. Es wird eine kleine Auswahl aufgeführt, um verschiedene Möglichkeiten des Waschens zu veranschaulichen. Dabei wird lediglich auf den Aufbau an sich, nicht aber auf die Effizienz der einzelnen Konstruktionen eingegangen. Eine Vergleichbarkeit hinsichtlich der einzelnen Waschleistung der aufgeführten Konzepte ist somit nicht beabsichtigt.

3.4.2 Bestehende Konzepte

Unter Beachtung der in Abschnitt 3.4.1 gelisteten Prozessanforderungen sind in der Literatur verschiedene Vorschläge für einen effizienten Waschprozess zu finden. Diese werden nicht zwangsläufig in der Industrie eingesetzt. Viele sind bislang nur unzureichend erforscht und bieten daher noch großes Optimierungspotential. In [Fou99] sind verschiedene Methoden mit unterschiedlichen Ansätzen erklärt. Die Gemeinsamkeit dieser liegt darin, dass die Faser von links nach rechts über Führungsrollen durch das Waschbad geführt wird. Dabei variiert sowohl die Anzahl der Umlenkungen, als auch die Art, wie die Faser mit dem Waschwasser versorgt wird.

Das erste Konzept besteht aus einem Wasserbecken mit beidseitigen Auffangbehältern. Die Gesamtwassermenge übersteigt die Füllkapazität des Beckens, was zu einem gewünschten Überlauf führt. Dadurch bildet sich eine Wasserschicht, dessen Pegel sich einige Millimeter oberhalb des Beckenrandes befindet (siehe Abb. 3.4). Durch diese Wasserschicht wird die gespannte Faser anhand von zwei Umlenkrollen kontrolliert hindurchgeführt ist. Das überlaufende Wasser wird in den angrenzenden Behältern aufgefangen und wieder in das Becken geführt.

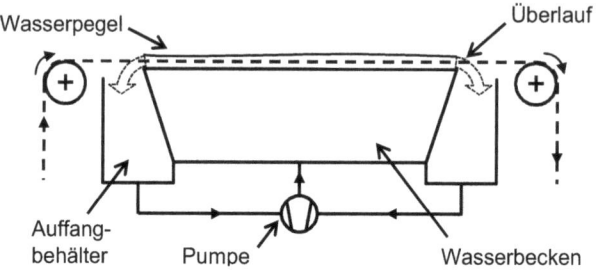

Abb. 3.4: Schematische Darstellung des Waschprinzips Überlaufmethode [Fou99]

In Abb. 3.5 ist ein Konzept abgebildet, das in der Industrie häufig eingesetzt wird. Die Faser durchläuft mehrere tiefe Waschbäder. Der Waschvorgang funktioniert anhand eines Kaskadenprinzips: Das Wasser fließt vom letzten Bad entgegen dem Faserlauf bis zum ersten Waschbad. Dadurch ist die Waschflüssigkeit im letzten Bad am saubersten, während die Lösungsmittelkonzentration im Ersten am höchsten ist. Zwischen den einzelnen Bädern wird die Faser durch zwei Abquetschrollen geführt, sodass überschüssiges Wasser und Lösungsmittel im vorausgehenden Bad bleiben. Durch die Anzahl der Umlenkrollen im Waschbad wird die Verweilzeit der Precursoren im Waschwasser und folglich die Intensität der Waschstufen beeinflusst.

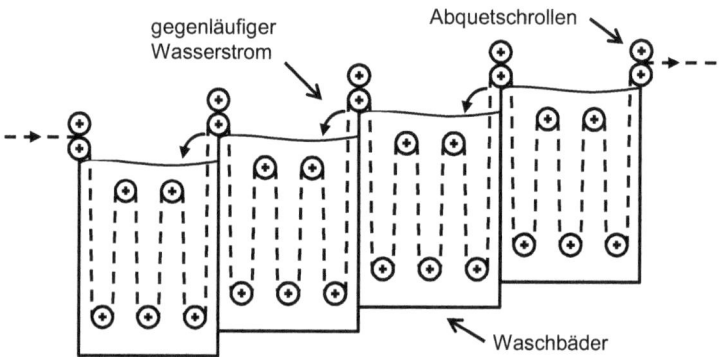

Abb. 3.5: Schematische Darstellung des Waschprinzips tiefe Wanne [Fou99]

In der nächsten Konstruktion wird die Faser ebenfalls in mehreren Waschstufen behandelt. Dabei wird sie nun aber nicht mittels Umlenkrollen, sondern anhand einer Unterdrucktrommel, wie sie in Abb. 3.6 dargestellt ist, durch das Bad geführt. Das Wasser aus dem Waschbad wird mit Hilfe einer Pumpe in die Trommel hineingesaugt. Dadurch liegt die Faser eng auf der Trommeloberfläche auf, was eine gründliche Wasserversorgung der einzelnen Filamente ermöglicht. Aus dem Inneren der Trommel wird das Wasser wieder zurück in das Bad befördert. Zusätzlich besteht die Möglichkeit, die Faser mit Wasserspray zu befeuchten.

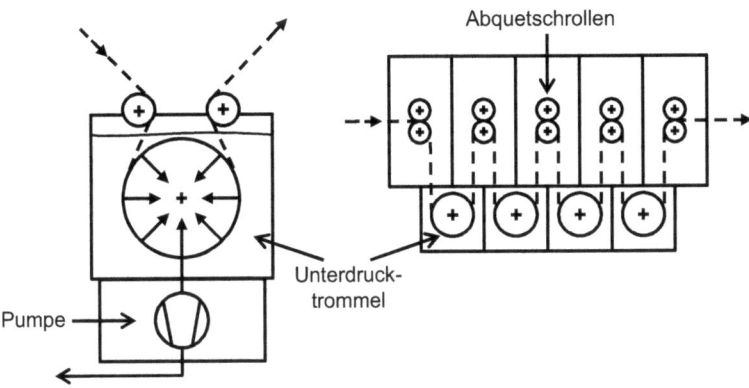

Abb. 3.6: Schematische Darstellung des Waschprinzips Unterdrucktrommel [Fou99]

Für besonders dünne Fasern eignet sich das Sprühverfahren. Das Waschen erfolgt hierbei durch Wasserspray. Die Fasern werden aus Sprühdüsen mit Wasser benetzt, während sie über mehrere Rollen vertikal durch die Waschstraße geführt werden. Das Wasserspray wird in einem Becken unterhalb der Sprühvorrichtung aufgefangen und anhand einer Pumpe wieder zu den Sprühdüsen zurück befördert.

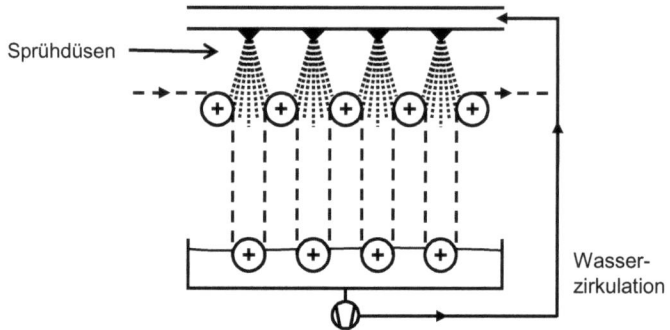

Sprühdüsen

Wasser-
zirkulation

Abb. 3.7: Schematische Darstellung des Waschprinzips Sprühsystem [Fou99]

Einen anderen Ansatz zeigt ein japanisches Patent von 1986. Der Aufbau besteht im Wesentlichen wie die vorausgehenden Prinzipien aus einem Waschbad, durch das die frisch gesponnene Faser mittels Umlenkrollen von links nach rechts durchgelenkt wird. Der Unterschied liegt hier in einer zusätzlichen Ultraschallquelle. Mit einem Ultraschallsender, der im Waschbad direkt über der Faser angebracht ist (siehe Abb. 3.8), wird die Faser unter Bestrahlung mit Ultraschallwellen gewaschen. [SSF+86]

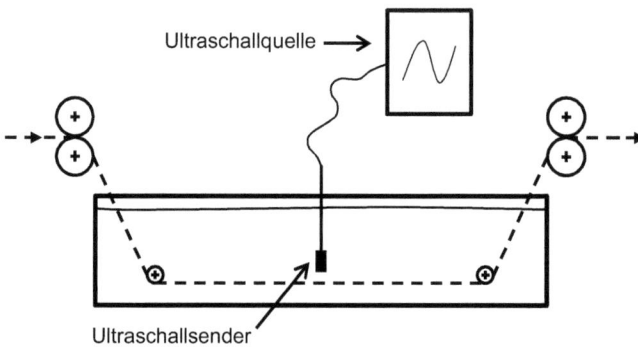

Ultraschallquelle

Ultraschallsender

Abb. 3.8: Schematische Darstellung des Waschprinzips Ultraschall [SSF+86]

3.4.3   Auswahl der Betrachtung

Für den experimentellen und wirtschaftlichen Teil dieser Arbeit hat das ITA zwei eigene Konzepte entwickelt und ein weiteres patentiertes Konzept der Monsanto AG, Missouri, modifiziert. Ihre Gestaltungen sind an den aktuellen Stand der industriellen Waschprozesse angelehnt. Sie sollen einerseits hinsichtlich ihrer Waschleistung, andererseits in Bezug auf ihre Wirtschaftlichkeit untersucht und ausgewertet werden. In diesem Abschnitt wird lediglich auf den technischen Aufbau eingegangen. In den nachfolgenden Kapiteln werden dann die Ausführungen der Experimente sowie die Ergebnisse ausführlich erläutert.

Das konventionelle Waschbad ist gegenwärtig das in der Praxis eingesetzte Verfahren und setzt somit den Standard für weiterfolgende Untersuchungen. Eine Waschstufe besteht hierbei aus einem Waschbad, in dem die Faser über zwei Rollen von links nach rechts durch die Waschflüssigkeit geführt wird. Entgegen der Laufrichtung der Faser strömt aus dem seitlichen Zufluss das Wasser in das Bad. Das hat die Vorteile, dass sich zum einen das Tow durch eine Strömung bewegt, was den Diffusionsprozess intensiviert, und zum anderen das Lösungsmittel aus dem Bad transportiert wird, sodass eine konstante Waschkonzentration gehalten werden kann. In Abb. 3.9 ist sowohl die Seitenansicht als auch die Draufsicht auf ein einzelnes Waschbad abgebildet. Durch die Wahl der Tauchrollen ist es möglich, die Faser einfach oder mehrfach durch das Bad zu führen und so die Dauer einer Waschstufe beliebig zu variieren. In der Abbildung stellt die grob gestrichelte Linie die einmalige Umlenkung, die gepunktete Linie die mehrmaligen Umlenkungen dar.

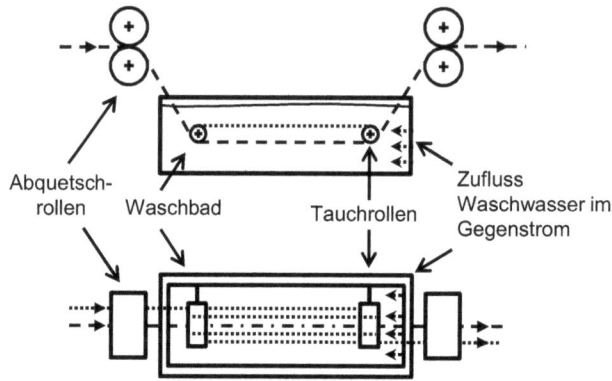

Abb. 3.9: Schematische Darstellung des Waschprinzips Konventionelles Waschbad

Als erster Vergleichspartner wurde mit der Turbulenzstraße ein neues Konzept entworfen. Die Faser wird nicht mehr durch ein Wasserbecken gelenkt, sondern kontrolliert durch eine Schiene geführt. Die Wasserversorgung besteht nun aus zwei Quellen. Der Hauptvolumenstrom ist am oberen Ende der Schiene auf die Faser gerichtet und läuft stromabwärts der Faser entgegen. Am Ende der Schiene mündet das Wasser in ein Wasserbecken und wird von dort zurück in den Wasserkreislauf gepumpt. Die zweite Quelle besteht aus Düsen, die unterhalb der Schiene angebracht sind. Von unten versorgen sie die Faser mit einer zusätzlichen Turbulenzquelle, die die Waschleistung steigern soll.

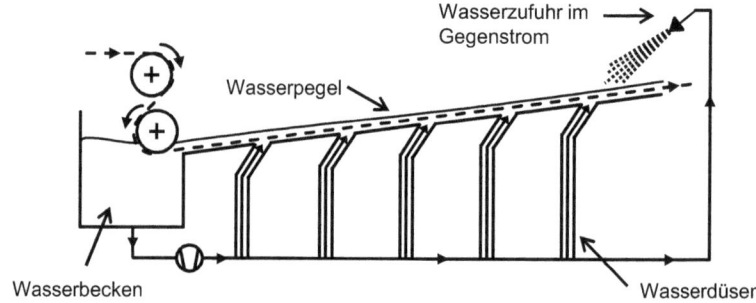

Abb. 3.10: Schematische Darstellung des Waschprinzips Turbulenzstraße auf Basis von [Mon63]

26

Der dritte Entwurf besteht aus einer Abwandlung des konventionellen Waschprozesses. Die zweite Umlenkrolle zum Herausführen der Faser aus dem Bad wird durch ein Flügelprofil ersetzt. Dieses wird in der Nähe der Faser und des Hauptvolumenstroms positioniert. Durch Anströmen des Profils bildet sich ein Nachlauf aus, der erhöht Turbulenzen im Faserlaufbereich erzeugt. Diese Turbulenzen sollen für eine verbesserte Waschleistung bei gleichzeitig geringerer Faserbelastung sorgen. [Kes12]

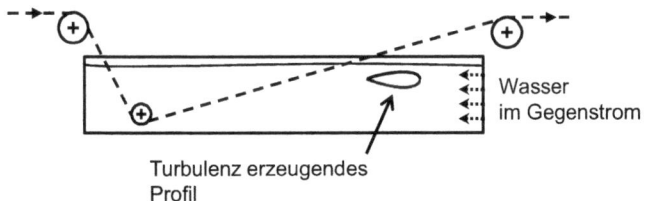

Abb. 3.11: Waschprinzip Turbulenz erzeugendes Profil

Die hier aufgeführten Konzepte dienen als Grundlage für die weiterführenden Untersuchungen und Auswertungen und werden in Kapitel 5 ausführlicher aufgeführt.

3.5 Trocknen

Als abschließenden Prozessschritt der Herstellung von CF-Precursoren werden diese getrocknet. PAN-basierte Fasern werden normalerweise bei 120 - 170 °C mit einer Abzugsgeschwindigkeit von 100 – 150 m/min getrocknet. Dabei sollen die restlichen 50 - 80 % Wasser, die noch in der Faser enthalten sind, auf 1 - 2 % reduziert werden [JH10]. Das Trocknen kann sowohl unter Spannung als auch spannungslos ablaufen. Abhängig vom Aufbau der Anlage erfolgt dieser Prozessschritt durch Bestrahlung, Kontaktheizen oder in einem gashaltigen Medium. Wichtig bei der Wahl der Trocknungsmaßnahmen ist die Beachtung des Schrumpfes, den die Faser erleidet. So muss, wenn die Faser unter Spannung getrocknet wird, anschließend noch ein Relaxationsschritt folgen. [Mas95]

4 Wirtschaftliche Betrachtung der Precursorherstellung

Im Folgenden wird die Basis für die wirtschaftliche Betrachtung definiert. Dem theoretischen Teil werden wirtschaftliche Überlegungen zugrunde gelegt. Dafür müssen Kostenarten und die größten Kostenfaktoren identifiziert werden.

In Abb. 4.1 sind die zwei größten Kostenblöcke der Carbonfaserherstellung zu entnehmen: die Produktion der Precursoren und die anschließende Weiterverarbeitung zur Kohlenstofffaser. Mit mehr als 50 % stellt die Precursorherstellung den Hauptkostenfaktor dar [War11]. Daraus resultiert das große Interesse, Kostensenkungspotentiale für diesen Prozessteil aufzudecken und technisch so umzusetzen, dass der Prozess optimiert wird ohne Effizienz- oder Qualitätsverluste bei dem Endprodukt einzubüßen.

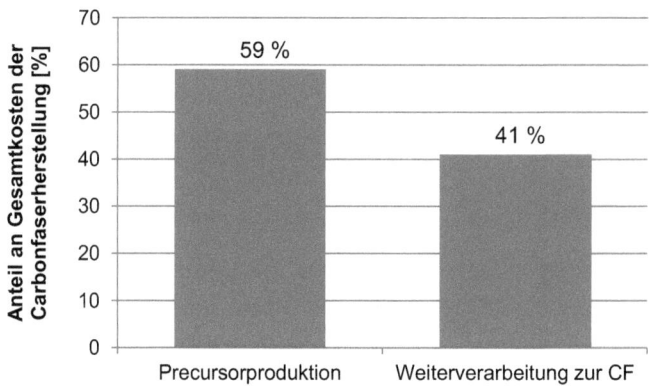

Abb. 4.1: Verteilung der Kosten der Carbonfaserherstellung, eigene Darstellung nach [War11]

4.1 Kostenstruktur

In dieser Arbeit findet die Prozesskostenrechnung Anwendung. Dafür werden die Prozesskosten in fünf relevante Kostenarten gegliedert: Hilfsmittel, Betriebsmittel, elektrische Energie, Personalkosten und kalkulatorische Kosten. Diese werden wiederum in zwei Gruppen eingeteilt: variable, das heißt produktionsmengenabhängige Kosten, und Fixkosten, die nicht von der Ausbringungsmenge abhängig sind. Abb. 4.2 ist zu entnehmen, welcher Gruppe die obengenannten Kostenarten zugeordnet werden.

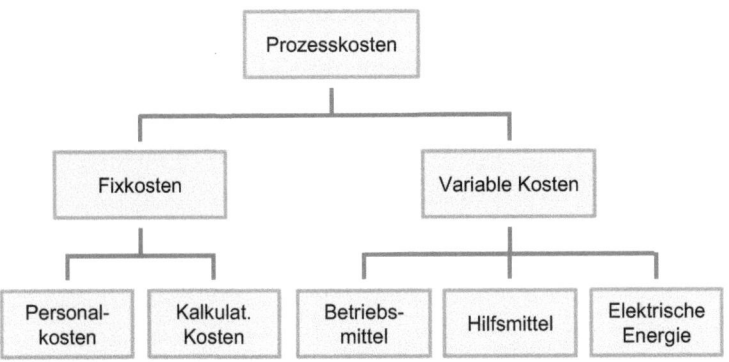

Abb. 4.2: Zuordnung Kostenarten, in Anlehnung an [Rex12]

Personal- und kalkulatorische Kosten werden als Fixkosten betrachtet, da sie in gleicher Höhe anfallen, unabhängig davon, wie viel produziert wird. Die Kosten für Betriebs- und Hilfsmittel sowie für elektrische Energie werden als variable Kosten betrachtet und variieren je nach Produktionsvolumen. Fixe Energiekosten, die beispielsweise für die Aufwärmung der Lagerhallen anfallen, werden im Vergleich zu den Energiekosten, die für die Bereitstellung der Betriebsmittel notwendig sind, als vernachlässigbar klein angesehen und demnach nicht separat aufgelistet.

Sämtliche Berechnungen in dieser Bachelorarbeit, denen diese Kostenstruktur zugrunde gelegt wird, unterliegen der Annahme, dass die Fixkosten immer unabhängig bleiben. Um die Kosten überschaubar zu halten, werden diese in €/h beziehungsweise €/kg oder €/l angegeben.

Im Folgenden sind sämtliche Prozessdaten und –kosten der Diplomarbeit von Johannes EMIGHOLZ [Emi11] entnommen. Er beschreibt darin ausführlich den Aufbau und die Prozesskosten einer realitätsnahen Komplettanlage für die Carbonfaserherstellung. Die Precursorproduktion beläuft sich auf ein jährliches Volumen von 3.800 t. Mit einem Umsetzungsfaktor von ungefähr 0,42 werden diese zu knapp 1.600 t Carbonfasern weiter verarbeitet.

Für diese Arbeit sind lediglich die Daten der Spinnmaschine interessant. Sie werden den weiteren Darstellungen und Berechnungen zugrunde gelegt. Die Spinnanlage besteht aus zehn Spinnbädern, zwei Streckstufen (eine vor und nach dem Waschen), einer Waschbadkaskade aus sieben Waschbädern, der Nachbehandlung und dem Aufspulen der fertigen Precursoren sowie der Lösungsmittelrückgewinnung.

4.2 Kosteneinsparungspotential des Waschprozesses

Anhand von Abb. 4.3 ist die Lösungsmittelrückgewinnung eindeutig der kostenintensivste Teilprozess der Precursorproduktion. Von den gesamten variablen Kosten macht sie einen Anteil von knapp 52,3 % aus. Diese werden zu 94,1 % durch die Bereitstellung von Betriebsmitteln verursacht. Der Rest fällt auf elektrische Energiekosten zurück.

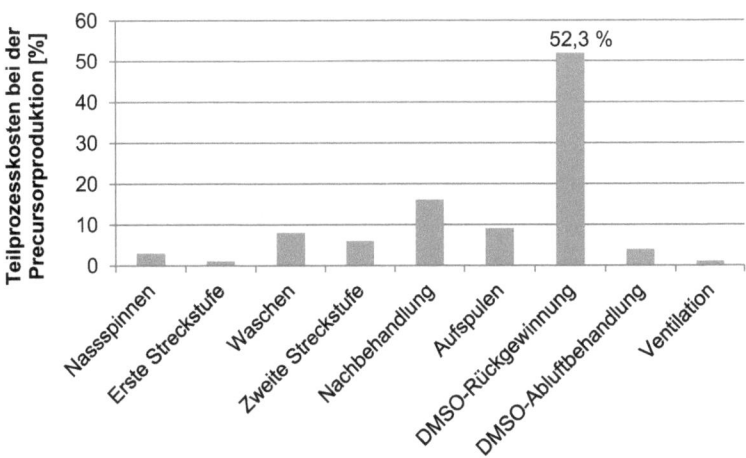

Abb. 4.3: Kostenverteilung auf Teilprozesse bei der Precursorproduktion, eigene Darstellung nach [Emi11]

Die Lösungsmittelrückgewinnung ist aus ökonomischen und ökologischen Gründen ein wichtiger Bestandteil der Precursorproduktion. In diesem Prozessschritt werden lösungsmittelbelastete Abwasserströme behandelt. Von der Herstellung der Spinnlösung bis zur Nachbehandlung der Precursoren fließen der Rückgewinnung drei kontinuierliche Abwasserströme zu. In Bezug auf die angenommene Spinnmaschine ergeben sich damit folgende Abwasserströme und ihre jeweilige Durchflussmenge in Litern pro Stunde:

- Abwasser aus der Spinnlösungsherstellung, 142,3 l/h
- Abfluss aus dem Spinnbad, 5.454,0 l/h
- Abfluss aus dem Waschprozess, 4.811,0 l/h

Das ergibt einen Gesamtvolumenstrom von 10.407,3 l/h. Die ein- und ausgehenden Abwasserströme sind in Abb. 4.4 dargestellt.

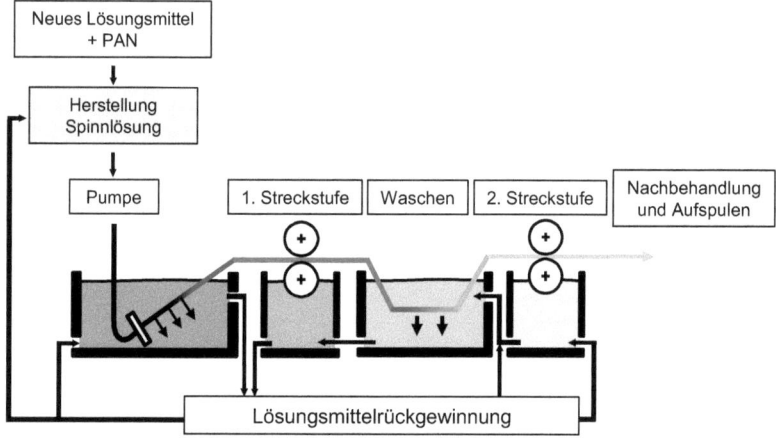

Abb. 4.4: Ab- und Zuflüsse Lösungsmittelrückgewinnung, eigene Darstellung nach [Emi11]

Das Ziel der Lösungsmittelrückgewinnung besteht in der Aufbereitung der Abwasserströme um reines DMSO, Spinnbadlösung der Ausgangskonzentration und gereinigtes Waschwasser zurückzugewinnen und den Prozessen wieder zuzuführen. Dieses Ziel wird durch eine mehrstufige Vakuumdestillation erreicht. Die Vielzahl der Verdampfungs- und Kondensationsprozesse bewirkt einen hohen Verbrauch an Betriebsstoffen wie beispielsweise Dampf und Kühlmedium. Das relativ große Ausmaß der eingehenden Abwasserströme und die dafür notwendig großausgelegte Anlagentechnik spiegeln sich in den hohen Kosten wider.

Um den Rückgewinnungsprozess zu betreuen, werden pro Schicht 11 Personen benötigt. Das macht die Hälfte des gesamten Personalbedarfs für die Precursorherstellung aus. Unter Annahme von 325 Produktionstagen pro Jahr zu je drei 8-Stunden Schichten ergeben sich Personalkosten in Höhe von 217,3 €/h. Für die kalkulatorischen Kosten fallen pro Stunde 64,1 € an. Der größte Kostenfaktor besteht in den Kosten für Betriebsmittel. Diese belaufen sich auf 273,93 €/h. Insgesamt fallen damit für die Lösungsmittelrückgewinnung Kosten in Höhe von 555,33 €/h an. Bei dem oben genannten Gesamtzufluss von 10.407,3 l/h verursacht ein Liter Abwasser damit 0,05 € an Kosten.

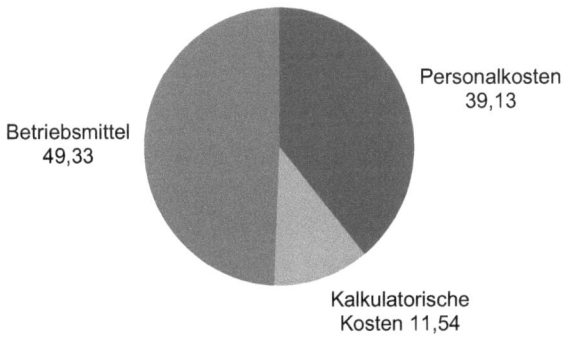

Abb. 4.5: Kostensegmente bei der Lösungsmittelrückgewinnung [%]

Besonders die hohen Kosten der Betriebsmittel und die Relevanz der Rückgewinnung von DMSO aus ökonomischer und ökologischer Sicht lassen ein hohes Kosteneinsparungspotential vermuten. Als Konsequenz wird in dieser Arbeit untersucht, welche Auswirkungen die Reduktion der Abwassermenge aus dem Waschprozess auf die anfallenden Kosten hat. Die Wirtschaftlichkeit einer technischen Optimierung wird anhand mathematischer Berechnungen aufgeführt und erläutert. In Kapitel 5 werden mögliche Ansätze der technischen Weiterentwicklung vorgestellt und auf ihre Effizienz hinsichtlich der Kostensenkung untersucht.

Die zuvor berechneten Daten sind in dem Diagramm in Abb. 4.6 dargestellt. Die Kurve zeigt eine stetige Abnahme der Kosten in Abhängigkeit von der prozentualen Reduktion des Waschwasserabflusses.

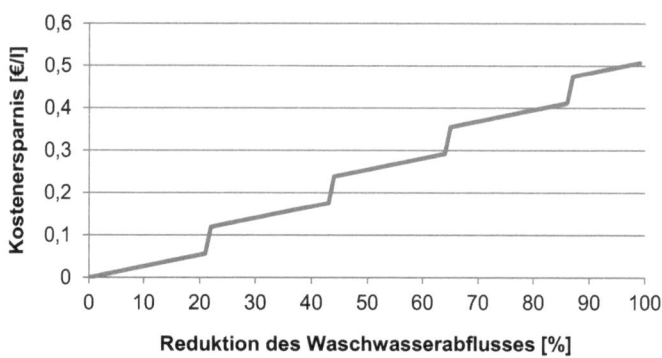

Abb. 4.6: Kostenersparnis in Abhängigkeit von reduzierter Waschwassermenge

Es ist also davon auszugehen, dass bei erfolgreicher Verringerung der Wassermenge die Kosten spürbar gesenkt werden können. Da sich die Gesamtkosten zum einen aus den Personalkosten und den kalkulatorischen Kosten und zum anderen aus den variablen Kosten für Betriebsstoffe zusammensetzen, ist anzunehmen, dass der Primäreffekt der Kostensenkung aus der Reduktion des Waschwassers als Betriebsmittel herrührt. Eine Reduktion des Waschwassers um 100 % wird im Folgenden ausgeschlossen und lediglich aus Gründen der Vollständigkeit aufgetragen. Das sprunghafte Verhalten der Kurve ist darauf zurückzuführen, dass der Umfang der Lösungsmittelrückgewinnungsanlage aufgrund des Rückgangs der zulaufenden Abwasserströme verkleinert wird. Dies hat sowohl investitionstechnische als auch personelle Auswirkungen. Da es sich bei beiden Faktoren um ganzzahlige Werte handelt, erklärt dies die sprunghafte Entwicklung der Kurve.

Die Temperatur des Waschbades ist ein weiterer Parameter, dessen Auswirkungen auf die Kosten untersucht werden könnte. Da ein großer Teil der Kosten für elektrische Energie aber nicht auf den Waschprozess zurückzuführen ist, ist es für diese Arbeit nicht relevant und wird nicht weiter betrachtet.

5 Technische Weiterentwicklung des Waschprozesses

Die in Abschnitt 3.4.3 schematisch beschriebenen Konzepte werden nun ausführlicher erläutert. Es wird zunächst auf den Versuchsaufbau und die Durchführung eingegangen. Die variierenden Parameter sind auf die jeweiligen Konstruktionen angepasst und auf Basis der zuvor erläuterten Prozessanforderungen und Kosteneinsparungen ausgewählt. Im Anschluss werden die Ergebnisse präsentiert und interpretiert.

Die Experimente wurden im Labormaßstab durchgeführt. Die Ergebnisse können durch ein Scale-up variieren und beanspruchen demnach keine Allgemeingültigkeit. Aufgrund mangelnder Spezifikationen und Anlagenwerte ist lediglich eine qualitative Auswertung der Testergebnisse möglich. Im Folgenden dient eine Quantifizierung des Restgehalts einzig der Veranschaulichung der Auswertungen. Sollten die Annahmen dieser Bachelorarbeit bestätigt werden, bietet sie eine Grundlage für weitere Forschungsarbeiten.

Bei den in Abb. 5.1 abgebildeten Apparaturen handelt es sich um die Spinnanlage des ITA. Zu erkennen sind das Spinnbad mit offenem Abluftgehäuse, zwei Streckstufen (im Einzelnen siehe Abb. 5.2) und zwei geschlossene Waschbäder (vergleiche schematische Darstellung in Kapitel 3, Abb. 3.1).

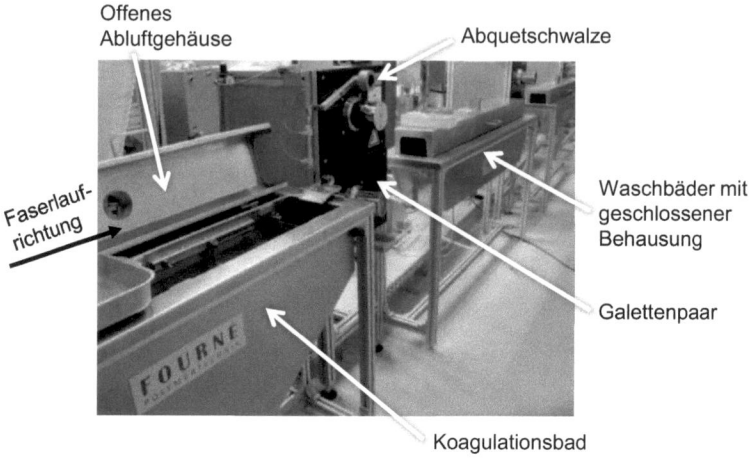

Abb. 5.1: ITA-Spinnanlage im Labormaßstab

Um einen zuverlässigen Vergleich zu ermöglichen, werden die Proben der einzelnen Versuche nach dem ersten Waschbad entnommen, sodass der hintere Teil der Abbildung für die folgenden Erläuterungen nicht relevant ist.

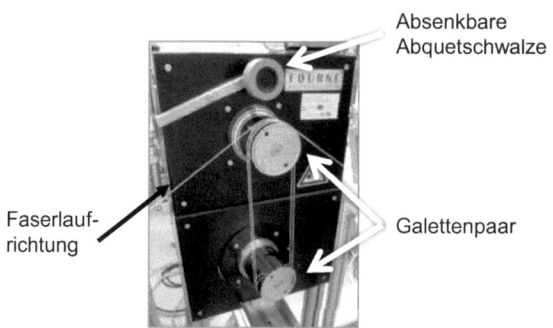

Abb. 5.2: Faser auf Galettenpaar

Bevor die einzelnen Versuche durchgeführt werden können, muss die Spinnlösung für jede Versuchsreihe 24 h im Voraus frisch aufgesetzt werden. Für diese Arbeit wurde ein Mischverhältnis von 80 % DMSO und 20 % PAN-Pulver gewählt. Zunächst wird das DMSO in den Mischer gefüllt und das PAN langsam und kontinuierlich bei Raumtemperatur hinzugegeben. Am Versuchstag wird die Spinnlösung dann sukzessive hochgeheizt, bis sie eine Temperatur von 80 °C erreicht. Anschließend wird mit einer Vakuumpumpe die Luft aus dem Mischer gesogen und der Tank mit Stickstoff gefüllt. Anhand mehrmaliger Spinntests wird überprüft, ob eine blasenfreie homogene Mischung vorliegt. Erst wenn das erfüllt ist, kann die Spinnlösung versponnen werden.

Für die Experimente wurde, wie bereits in Abschnitt 3.2 erwähnt, das Nassspinnen als Spinnverfahren gewählt. Die Spinnbadlösung besteht zu 50 % aus demineralisiertem Wasser und 50 % DMSO und wird kontinuierlich ausgetauscht. Bei diesem Aufbau ist nur eine Düse in das Spinnbad abgesenkt. Sie besitzt 100 Bohrungen von je 90 µm Durchmesser. Durch diese Öffnungen fördert die Spinnpumpe 7 cm³/min der erwärmten Spinnlösung. Mit einer Extrusionsgeschwindigkeit von 11 m/min und einer Austrittstemperatur von 70 °C werden die frisch gesponnenen Filamente in das Koagulationsbad geleitet. Durch die Koagulation bildet sich ein stark gequollener, wenig orientierter Gelfaden. Das Aufquellen verlangsamt den Faden, sodass dieser im Vergleich zur Spinngeschwindigkeit mit niedrigeren Abzugsgeschwindigkeiten abgezogen werden kann. Ein Düsenverzug kleiner 1 ist besonders beim Nassspinnen geläufig [GRS02]. Vom Fällungsbad aus wird das Faserbündel mit 8 m/min über das erste Galettenpaar abgezogen und zum Waschen weitergeleitet.

Die einzelnen Waschbäder haben eine Länge von 1.000 mm und werden durch ein externes Wasserbecken mit ungefähr 70 °C heißem Waschwasser versorgt. Der Faden wird von links nach rechts durch das Bad geführt, während das Wasser von rechts nach links gepumpt wird. Die Behausungen stellen eine sichere Absaugung des flüchtigen Lösungsmittels dar und dienen sowohl der Sicherheit des Personals als auch der Zuführung der DMSO-haltigen Abluft zur Lösungsmittelrückgewinnung.

Direkt nach dem ersten Waschbad wird nach jedem Versuch ein Teil der frisch gewaschenen Faser abgewickelt und in einem Glasröhrchen verschlossen (siehe Abb. 5.3). Die entnommenen Proben werden im Labor anhand der thermogravimetrischen Analyse (kurz TGA), auch Thermogravimetrie genannt, ausgewertet.

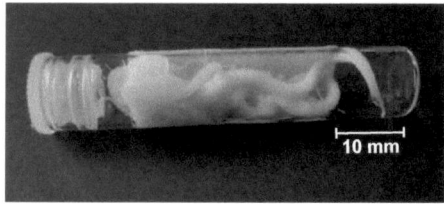

Abb. 5.3: Entnommene Faserprobe

Mit dieser Methode wird die Massenänderung der Probe in Abhängigkeit von der Temperatur und Zeit gemessen [www14]. Hierzu wird die Faserprobe in einem kleinen, hitzebeständigen Tiegel im Ofen bis zur kompletten Zersetzung erhitzt. Der Behälter mit der Probe ist mit einer Waage gekoppelt. Diese ermöglicht die Messung der Gewichtsänderung der Probe während des Aufheizvorgangs. Ein Thermoelement in der Nähe des Tiegels misst simultan die Temperaturzunahme der Probe [www13d]. In Abb. 5.4 ist der schematische Aufbau einer horizontalen Thermowaage zur Durchführung der TGA dargestellt.

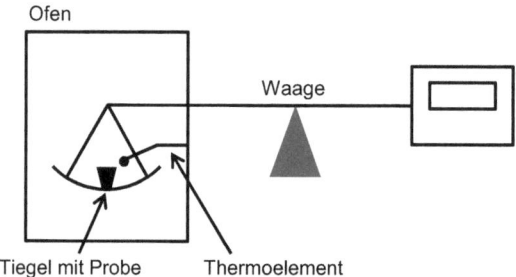

Abb. 5.4: Schematischer Aufbau einer horizontalen Thermowaage [www14]

Da sich DMSO bei ca. 189 °C [www13e] zersetzt, lässt sich aus den Laborwerten erschließen, wie viel Restbestand Lösungsmittel nach dem Waschen noch in dem Precursor enthalten ist. Mit der Grafik in Abb. 5.5 ist

38

ein Beispiel für die Probenauswertung gegeben. Der prozentuale Gewichtsverlust der Probe wird gegen die Ofentemperatur aufgetragen. Zusätzlich werden die Daten zu den einzelnen Temperaturpunkten tabellarisch ausgegeben, sodass eine genaue Gewichtsabnahme für ein bestimmtes Temperaturfeld anhand der Steigung ermittelt werden kann.

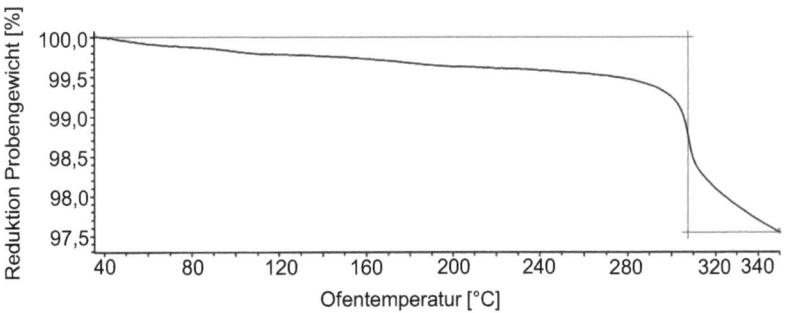

Abb. 5.5: Beispiel einer Probenauswertung mit Hilfe der TGA

5.1 Konventioneller Aufbau

Der konventionelle Aufbau dient als Standardkonzept für die nachfolgenden Methoden. Von dieser Grundlage aus gilt es herauszufinden, ob ein effizienteres Konzept entwickelt und die Produktionskosten für Carbonfasern gesenkt werden können.

5.1.1 Versuchsaufbau und –durchführung

Das konventionelle Waschbad bietet anhand seines Aufbaus die Möglichkeit den Einfluss der Verweilzeit auf die Waschleistung zu beobachten. Das gesamte Waschbad hat eine Länge von 1.000 mm. In Abb. 3.9 wurde bereits gezeigt, dass das Tow sowohl einmal als auch mehrfach umgelenkt durch das Waschbad geführt werden kann. Bei der einmaligen Umlenkung sind 1.375 mm Faserlänge mit dem Wasser in Kontakt. Bei der dreimaligen Umlenkung wird eine Faserlänge von 5.105 mm, somit nahezu die vierfache Länge, gewaschen. In Abb. 5.6 ist zu sehen, wie es in den Versuchen durchgeführt wird. Die Rollen sind mit seitlichen Halterungen vollständig in dem Bad eingetaucht, so dass die Faser die Wasseroberfläche nur bei Ein- und Auslauf durchtritt. Die Temperatur des Waschbads beträgt 70 °C. Um repräsentative Ergebnisse zu erhalten, wird zunächst frei gesponnen, um den Ablauf auf ein konstantes Niveau zu bringen.

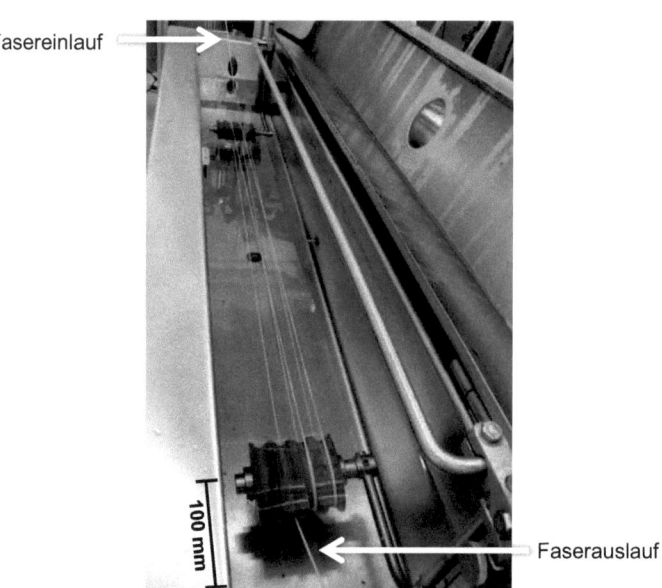

Abb. 5.6: Konventionelles Waschbad mit dreifacher Umwicklung

Bei diesem Konzept werden die Auswirkungen von Veränderungen zweier Parameter untersucht: die Anzahl der Umwicklungen und die Intensität des Volumenstroms des Wassers. Der Versuchsablauf bleibt dabei immer gleich. Die Faser wird im Wechsel einfach und dreifach um die Tauchrollen gelenkt. Dabei wird der Volumenstrom verändert. Zu erwarten ist, dass durch eine stärkere Strömung eine bessere Diffusion und folglich eine effizientere Waschleistung erzielt wird. Um diese Hypothese zu überprüfen, werden fünf unterschiedliche Gegenstromstärken untersucht. Um festzustellen, ob die Stärke der Strömung tatsächlich die Effizienz des Waschprozesses beeinflusst, wird zunächst ein Probenpaar bei stehendem Wasser entnommen. Anschließend wird derselbe Vorgang bei Strömungen von

1,25 l/min, 2,5 l/min, 7,2 l/min und letztlich bei Maximalstärke, 10,2 l/min wiederholt.

Um ein zuverlässiges Ergebnis zu gewährleisten, wird zwischen jeder Probenentnahme ein paar Minuten gewartet, so dass sich ein konstanter Prozess einstellen kann. Insgesamt werden bei diesem Versuch 10 Proben genommen und ausgewertet. Die verschiedenen Einstellungen sind der Tab. 5.1 zu entnehmen.

Tab. 5.1: Versuchsreihe konventioneller Aufbau

Versuchs-Nr.	Faserlänge in Wasserkontakt [mm]	Volumenstrom Waschwasser [l/min]
1	1.375	0
2	5.105	0
3	1.375	1,25
4	5.105	1,25
5	1.375	2,5
6	5.105	2,5
7	1.375	7,2
8	5.105	7,2
9	1.375	10,2
10	5.105	10,2

5.1.2   Ergebnisse

Zur Veranschaulichung der Laborergebnisse sind die relevanten Informationen aus dieser Versuchsreihe im Diagramm in Abb. 5.7 abgebildet. Ein Balken repräsentiert den restlichen DMSO-Gehalt jeweils einer untersuchten Faserprobe.

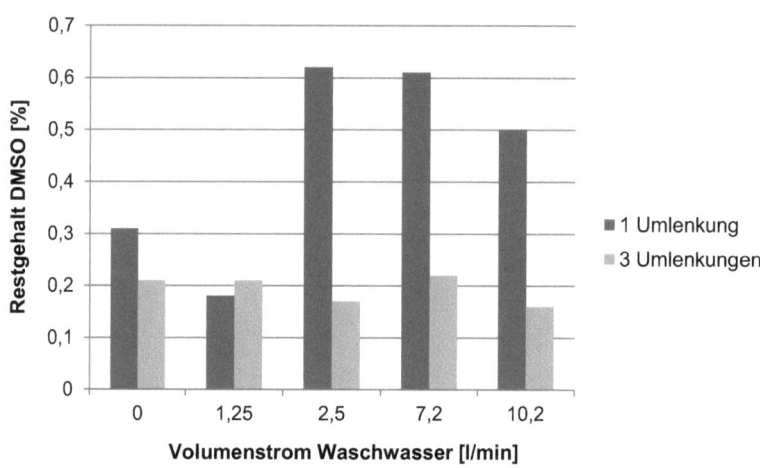

Abb. 5.7: Restlicher DMSO-Gehalt in Abhängigkeit des Wasserkontakts und des Wasserstroms

Bei relativer Betrachtung der einzelnen Paare, die nach den einzelnen Volumenströmen sortiert sind, wird die Vermutung der Steigerung der Waschleistung durch längere Aufenthaltszeiten im Waschwasser bestätigt. Bis auf das Probenpaar, das bei einer Stromintensität von 1,25 l/min entnommen wurde, weisen alle Vergleiche bei dreifacher Umwicklung einen geringeren Restgehalt an Lösungsmittel auf als bei direkter Faserdurchführung durch das Waschbad. Das bestätigt die Hypothese, dass sich die Verweilzeit deutlich auf die Waschleistungen auswirkt.

Zur Betrachtung des Effekts des Volumenstroms hilft es, die Werte nach der Aufenthaltsdauer im Bad aufzuteilen. Dabei fällt auf, dass es keine klar erkennbare Tendenz gibt. Vergleicht man die Werte für die einfache Faserführung und lässt die Proben für das stehende Wasser und den Volumenstrom von 1,25 l/min unbeachtet, lassen die letzten drei Ergebnisse darauf schließen, dass ein stärkerer Volumenstrom dazu beiträgt, mehr Lösungsmittel aus der Faser zu entfernen. Bei Betrachtung der Werte mit längerer Verweilzeit im Bad kann diese Vermutung allerdings nicht bestätigt werden. Die Werte sinken und steigen abwechselnd.

5.1.3   Fazit

Die Ergebnisse bezüglich der Folgen des Volumenstroms im Hinblick auf die Waschleistung lassen kein klares Muster erkennen. Eine ungenaue Versuchsdurchführung oder Schwankungen der Prozessparameter können die Ursache dafür sein. Um herauszufinden, ob die Durchflussmenge des Wassers tatsächlich zur Steigerung der Wascheffizienz beiträgt, sollte der Versuch erneut durchgeführt werden. Pro Parameterkombination ist eine größere Menge an Proben zu entnehmen, um gravierende Abweichungen der Werte feststellen zu können. Eine Anzahl von 10 Proben scheint hier nicht auszureichen, um aussagekräftige Resultate zu erhalten.

Dennoch konnte gezeigt werden, dass der Restbestand an Lösungsmittel deutlich gesenkt wird, wenn die Precursoren längere Zeit in einer Waschstufe gewaschen werden. Hieraus abgeleitet wäre es weiterhin interessant zu überprüfen, ob eine längere Verweilzeit oder eine höhere Anzahl an Waschstufen ein besseres Ergebnis liefert. Dieser Gedanke wird hier allerdings nicht weiter ausgearbeitet.

5.2 Turbulenzstraße mit Faserführungsschiene

Dieses Konzept ist eine Modifizierung des Monsanto-Patents (vgl. Abschnitt 3.4.3). Es soll die benötigte Wassermenge reduzieren, indem es die Faser gezielt und kontrolliert mit Wasser versorgt. Dadurch soll gleichzeitig ein intensiverer Waschvorgang erreicht werden.

5.2.1 Versuchsaufbau und –durchführung

Für die Versuche wurde das Waschbad aus dem konventionellen Prinzip verwendet. Der komplette Aufbau ist schematisch in Abb. 3.10 dargestellt.

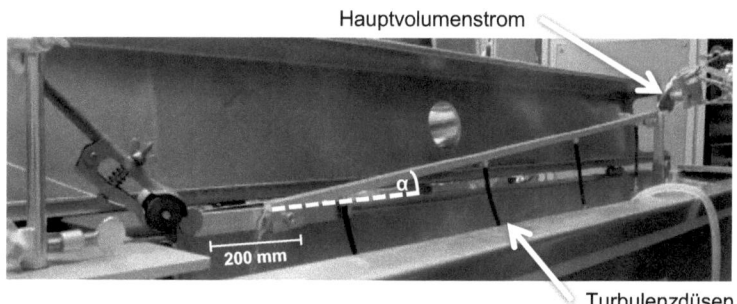

Abb. 5.8: Konstruktion Führungsschiene mit Turbulenzdüsen

Die Tauchrollen sind auf beiden Seiten des Bads durch Führungsrollen ersetzt worden. Diese dienen dazu, den Faden kontrolliert durch den Wasserstrom zu führen. Die Führungsschiene befindet sich oberhalb des Beckens, so dass das überquellende und austretende Wasser aufgefangen werden kann. Auch hier fließt das Waschwasser im Gegenstrom durch die Schiene. Als zusätzliche Wasserquelle dienen vier Turbulenzdüsen. Ihre Ausgänge bestehen aus Bohrungen im Boden der Schiene. Der Durchmesser der einzelnen Bohrungen entspricht ungefähr der Breite der Führungsschiene. Die Düsen versorgen die Faser von unten mit Wasser und erzeugen somit zusätzliche Turbulenzen. Es wird vermutet, dass der Waschprozess dadurch wesentlich effektiver ist. Die gesamte Schiene misst eine Länge von 1.000 mm. Durch die kontrollierte Führung entspricht das der

Kontaktlänge von Wasser und Precursor. Im Vergleich zum ersten Konzept ist der Wasserkontakt hier wesentlich kürzer.

Die einzelnen Versuche werden mit verschiedenem Anstellwinkel α der Schiene (siehe Abb. 5.8) und unterschiedlich starken Haupt- und Turbulenzvolumenströmen durchgeführt. Es werden je drei Anstellwinkel und drei Hauptvolumenströme sowie zwei Einsatzoptionen der Turbulenzdüsen eingestellt. Insgesamt entstehen 18 verschiedene Proben. Die einzelnen Kombinationen sind der Tab. 5.2 zu entnehmen.

Tab. 5.2: Versuchsreihe Turbulenzstraße

Versuchs-Nr.	Anstellwinkel α [°]	Volumenstrom Waschwasser [l/min]	Volumenstrom Turbulenzdüsen [ml/min pro Düse]
1	1	0,1	0
2	1	0,1	82,5
3	1	0,5	0
4	1	0,5	82,5
5	1	1	0
6	1	1	82,5
7	5	0,1	0
8	5	0,1	82,5
9	5	0,5	0
10	5	0,5	82,5
11	5	1	0
12	5	1	82,5
13	10	0,1	0
14	10	0,1	82,5
15	10	0,5	0
16	10	0,5	82,5
17	10	1	0
18	10	1	82,5

Zur Durchführung der Versuche wird zunächst die Schiene im gewählten Winkel ausgerichtet. In dieser Einstellung wird das Faserbündel bei

Volumenströmen von 0,1 l/min, 0,5 l/min und 1,0 l/min durch die Schiene geführt. Bei jeder Einstellung des Hauptvolumenstroms wird die Verwendung der Turbulenzdüsen variiert. Diese können entweder geöffnet oder geschlossen eingesetzt werden. Geöffnete Turbulenzdüsen erzeugen einen zusätzlichen Wasserfluss von 82,5 ml/min pro Düse. Sind die Ventile der Turbulenzdüsen geschlossen, wird die Faser nur durch den Hauptvolumenstrom mit Waschwasser versorgt. Die maximale Wassermenge, die in dieser Versuchsreihe pro Minute verbraucht wird, beläuft sich somit auf 1.330,0 ml/min.

Der Volumenstrom von 0,1 l/min erzeugt einen sehr flachen Wasserfilm. Ein vollständiges Eintauchen der Faser erweist sich dadurch als kompliziert, da die Gefahr besteht, dass die Filamente bei Kontakt mit den Schienenrändern beschädigt werden. Stärkere Volumenströme schaffen einen höheren Wasserspiegel und ermöglichen ein einfaches Durchleiten der Faser. Das Ausmaß der entgegenströmenden Wassermenge sollte so bestimmt werden, dass das Wasser nicht über die Ränder der Führungsschiene hinausläuft, da es die Laufrichtung der Faser beeinflusst. Das hat zur Folge, dass die beabsichtigte Strömung und die erzeugten Turbulenzen nicht ihre ganze Wirkung entfalten können.

Je größer der Neigungswinkel der Schiene ist, desto schneller läuft das Wasser die Schiene entlang. Anstatt den Volumenstrom zu erhöhen, kann die Strömung durch einen größeren Winkel intensiviert werden. Das Wasser wird somit gezielter im Gegenstrom an der Faser vorbeigelenkt.

Während der Versuchsdurchführung wird häufig beobachtet, dass die Faser ohne Verwendung der Turbulenzdüsen dazu neigt, sich in ihre einzelnen Filamente aufzuteilen (siehe Abb. 5.9). Mit geöffneten Leitungen der Turbulenzquellen durchläuft die Faser die Schiene meist gebündelt und kippt mehrmals zum Rand der Schiene hin. Da allerdings während der gesamten Versuchsdurchführung kein eindeutiges Verhaltensmuster in Abhängigkeit des Düseneinsatzes zu erkennen ist, ist nicht ersichtlich, wovon eine Ausbreitung der Faser abhängt.

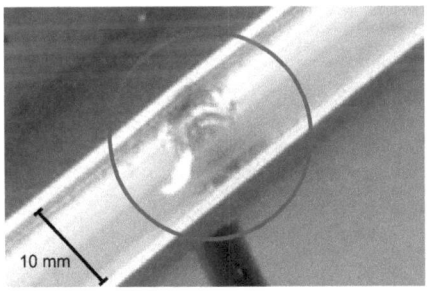

Abb. 5.9: Aufteilung des Faserbündels ohne Zufluss aus Turbulenzdüsen

5.2.2 Ergebnisse

Wenn man sich die Auswertungen nach den Winkeleinstellungen gruppiert anschaut, werden die besseren Resultate bei Verwendung der Turbulenzdüsen erzeugt. Eine nach Einsatz der Turbulenzdüsen getrennte Darstellung der Ergebnisse, wie sie in Abb. 5.10 und Abb. 5.11 gegeben ist, ermöglicht den Einfluss des Hauptvolumenstroms und des Anstellwinkels gesondert zu betrachten.

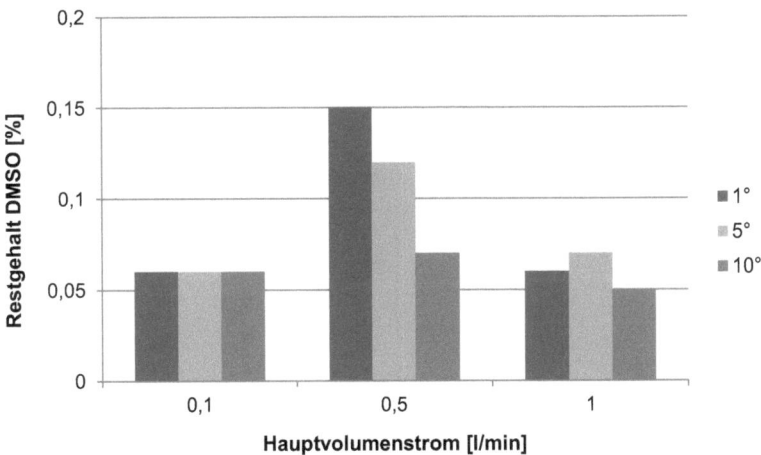

Abb. 5.10: Restlicher DMSO-Gehalt in Abhängigkeit vom Anstellwinkel der Schiene und dem Hauptvolumenstrom (ohne Verwendung der Turbulenzdüsen)

47

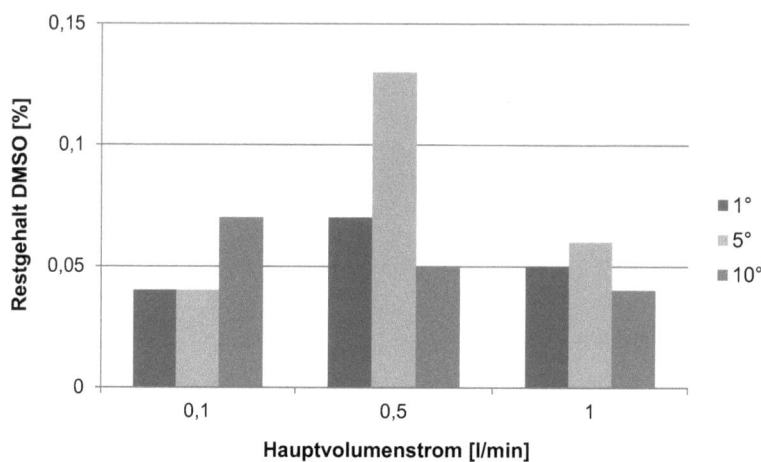

Abb. 5.11: Restlicher DMSO-Gehalt in Abhängigkeit vom Anstellwinkel der Schiene und dem Hauptvolumenstrom (unter Verwendung der Turbulenzdüsen)

Im Durchschnitt liefern alle drei Varianten dieselben Ergebnisse. Dadurch ist es schwer, den Effekt der Neigung der Schiene auf die Waschleistung zu bewerten. Vor allem Ausreißer bei dem Anstellwinkel von 5° können auf die Versuchsdurchführung zurückgeführt werden und müssten beispielsweise durch Simulation des Strömungsverhaltens näher auf mögliche Ursachenquellen untersucht werden.

Ein Vergleich der Werte in Abhängigkeit der Volumenströme lässt ebenfalls nicht eindeutig erkennen, ob stärkere oder schwächere Volumenströme den Waschprozess positiv oder negativ unterstützen. Weitere Nachforschungen sind auch hier notwendig.

Eine Gegenüberstellung der Werte mit und ohne Einsatz der Turbulenzdüsen zeigt, dass bei nahezu 80 % der Probenpaare mehrheitlich ein geringerer Gehalt an DMSO unter Verwendung der Turbulenzdüsen erreicht wird. Das oben erwähnte Verhalten der Faser könnte Ursache für die abweichenden Ergebnisse sein, so dass eine Wiederholung dieser Versuchsreihe unter konstanten Bedingungen notwendig ist, um zu ermitteln, ob die Turbulenzdüsen tatsächlich eine bessere Waschkraft erzielen.

5.2.3 Fazit

Insgesamt können mit dieser Methode sehr geringe DMSO-Restbestände erzielt werden. Auf Basis der Auswertung ist jedoch nicht erschließbar, welcher Parameter den größten Einfluss auf die Werte hat.

Der durchschnittliche Lösungsmittelgehalt in den untersuchten Proben scheint durch die unterschiedlichen Volumenströme nicht wesentlich beeinflusst zu werden. Falls dies bedeutet, dass die Waschleistung unabhängig von der entgegenströmenden Wassermenge ist, wäre die Folge, dass ein Wasserfilm mit einem Durchfluss von 0,1 l/min ausreicht, um die Faser hinreichend zu waschen. Damit wäre das Ziel einer reduzierten Waschwassermenge mit diesem Konzept erreicht.

Die Aufteilung der Faser in der Führungsschiene ist eine weitere interessante Beobachtung. Falls erreicht werden kann, dass das Faserbündel durch Optimierung des Prozesses kontinuierlich zu einer Aufteilung neigt, würde dadurch eine bessere Wasserversorgung der einzelnen Filamente und folglich ein effizienterer Waschprozess erreicht werden. Dabei könnte eine Anpassung an industrielle Maßstäbe die Wirkung dieses Prinzips stark beeinflussen.

5.3 Turbulenz erzeugendes Profil

Das folgende Prinzip beruht auf Überlegungen, die in der Projektarbeit von Christopher KESSLER [Kes12] präsentiert wurden. Darin simuliert er die Auswirkungen eines Flügelprofils, das die hintere Umlenkrolle im konventionellen Waschbad ersetzt. Er beschreibt die entstehende Strömung und die Turbulenzen, die durch das Profil erzeugt werden. Er sieht durch den Austausch die folgenden Vorteile: der Strömungsverlauf ist bekannt und dadurch kontrollierter; durch den tropfenförmigen Verlauf wird ein gradliniger, turbulenter Nachlauf erzeugt, der die Faser besser waschen soll ohne sie stark zu belasten; eine Umrüstung des bestehenden Waschkonzepts wäre ohne großen technischen Aufwand möglich. In dieser Arbeit werden seine Überlegungen erstmals praktisch getestet und ausgewertet.

5.3.1 Versuchsaufbau und –durchführung

Diese Methode ist eine Abwandlung des konventionellen Waschprinzips. Die durch den Wasserstrom zuerst angeströmte Rolle wird durch ein starres Profil ersetzt. Der Aufbau ist in Abb. 5.12 veranschaulicht. Hinter dem Profil sorgt eine Führungsrolle dafür, die Faser stabil über das Profil hinweg und aus dem Bad heraus zu führen. Ein Gitter vor dem Wasserausgang verteilt die Strömung gleichmäßig.

Abb. 5.12: Waschbad mit Flügelprofil

Für die Versuche werden drei unterschiedliche Profile eingesetzt. Sie unterscheiden sich, wie in Abb. 5.13 dargestellt, in ihrer Tiefe. Dadurch weisen sie verschiedengroße Oberflächen auf. Durch die Reibung des Waschwassers an der Oberfläche werden die Turbulenzen zusätzlich erhöht.

Abb. 5.13: Turbulenzflügel mit unterschiedlichen Tiefen

Um sicherzustellen, dass die erzeugten Turbulenzen groß genug sind und der entstehende Nachlauf bis zur Faser reicht, wird auf der Oberseite des Profils ein Vortexgenerator angebracht (siehe Abb. 5.14). Ein Stück Draht ist mit wasserresistentem Klebstreifen auf dem Profil angebracht. Mit diesem „Stolperdraht" wird durch die ankommende Strömung ein kleiner Wirbel erzeugt, der verursacht, dass die Grenzschicht umschlägt und turbulent wird. Durch die Reibung des Wassers an der Profiloberfläche werden die Turbulenzen zusätzlich verstärkt.

51

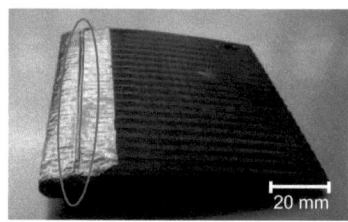

Abb. 5.14: Beispiel Vortexgenerator

Die Versuche sollen die Einflüsse von drei verschiedenen Faktoren aufzeigen. Wie in den vorausgehenden Versuchsreihen wird auch hier die Stärke des Wasserstroms variiert. Da das Profil ohne Strömung keinen Effekt zeigt, wird mit einem niedrigen aber merkbaren Volumenstrom von 3,2 l/min begonnen, anschließend auf 7,8 l/min erhöht und schließlich die Maximalstärke von 9,2 l/min eingestellt. Zu jeder Einstellung werden die verschiedenen Profiltiefen mit unterschiedlichem Anstellwinkel α, mit dem das Profil parallel zum Waschbadboden ausgerichtet wird, in das Waschbad eingespannt. Die spitze Vorderkante wird dabei starr gehalten, während die runde Hinterkante in der Höhe angepasst wird. Untersucht werden die Auswirkungen von 5°, 10° und 15°. Der Wasserkontakt der Faser beträgt bei diesem Aufbau 1.230 mm am Stück.

Der Versuchsplan sowie die ausgewerteten Proben sind der Tab. 5.3 zu entnehmen. Durch die Veränderung von drei Parametern zu je drei Einstellungen sind insgesamt 27 Proben entstanden.

Tab. 5.3: Versuchsreihe Turbulenz erzeugendes Profil

Versuchs-Nr.	Volumenstrom Waschwasser [l/min]	Profiltiefe [mm]	Anstellwinkel α [°]
1	3,2	80	5
2	3,2	80	10
3	3,2	80	15
4	3,2	100	5
5	3,2	100	10
6	3,2	100	15
7	3,2	120	5
8	3,2	120	10
9	3,2	120	15
10	7,8	80	5
11	7,8	80	10
12	7,8	80	15
13	7,8	100	5
14	7,8	100	10
15	7,8	100	15
16	7,8	120	5
17	7,8	120	10
18	7,8	120	15
19	9,2	80	5
20	9,2	80	10
21	9,2	80	15
22	9,2	100	5
23	9,2	100	10
24	9,2	100	15
25	9,2	120	5
26	9,2	120	10
27	9,2	120	15

5.3.2 Ergebnisse

Die Auswertungen der Proben zeigen starke Schwankungen in den restlichen Lösungsmittelbeständen. Das beste Ergebnis liefert die Kombination aus kleinstem Volumenstrom von 3,2 l/min mit tiefstem Profil von 120 mm bei einem Anstellwinkel von 5°. Das schlechteste Ergebnis ergibt sich bei einem maximalen Wasserstrom von 9,2 l/min unter Verwendung des kleinsten Profils von 80 mm mit einem Anstellwinkel von 15°.

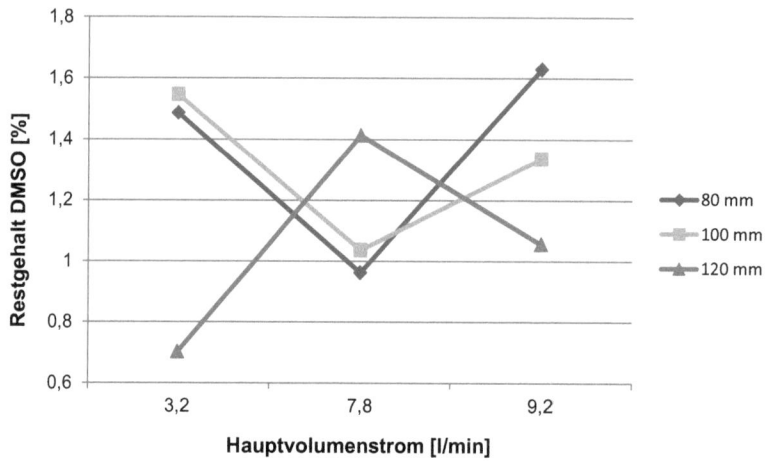

Abb. 5.15: Durchschnittliche Lösungsmittelreste bei Verwendung unterschiedlicher Profiltiefen in Abhängigkeit vom Hauptvolumenstrom

In Abb. 5.15 sind die durchschnittlichen Lösungsmittelreste je eingesetzter Profiltiefe unter Vernachlässigung des Anstellwinkels über dem dazugehörigen Hauptvolumenstrom aufgetragen. Die Unregelmäßigkeit in den Ergebnissen ist deutlich zu erkennen. Bei dem schwachen Volumenstrom weist das tiefste Profil die beste Waschleistung auf. Das erzielte Ergebnis fällt wesentlich kleiner aus als die kleinsten Werte, die mit den beiden anderen Profilen erreicht wurden.

Insgesamt wird der geringste DMSO-Restgehalt bei einem Durchfluss von 7,8 l/min mit dem 100 mm tiefen Profil unter einem Winkel von 5° erreicht. Das 80 mm Profil erzielt bei gleicher Kippung nahezu dasselbe Ergebnis. Lediglich die Werte des tiefsten Profils fallen hier wesentlich schlechter aus. Von allen drei Volumenströmen liefert die Maximaleinstellung allgemein die schlechtesten Ergebnisse. Die resultierenden Werte variieren stark und lassen keine klaren Schlüsse ziehen.

5.3.3 Fazit

Aus den Ergebnissen lässt sich nicht deutlich erschließen, wie die drei Faktoren am effizientesten eingesetzt werden können. Da die Werte innerhalb eines Volumenstroms sehr verschieden sind, ist eine Bewertung im Hinblick auf die beste Einstellung aus dieser Versuchsreihe nicht möglich. Auch die Profiltiefen zeigen einzeln und im Vergleich untereinander kein klares Muster. Dadurch führt die Auswertung dieses Konzepts hinsichtlich der veränderten Faktoren zu keinem Schluss. Die Funktionalität des Aufbaus kann zwar unter Betrachtung der Lösungsmittelrestbestände bewertet werden. Für die Ergebnisse ist aber nicht ersichtlich, welcher Faktor dabei den größten Beitrag geleistet hat.

Während der Versuchsdurchführung erweist sich die Einstellung des Anstellwinkels als kompliziert. Da das Profil keine fixe Achse hat, ist ein häufiges Nachjustieren notwendig. Dadurch wird die Ausgangslage verändert und sorgt für eine ungleichmäßige Versuchsdurchführung, die sich in den Ergebnissen widerspiegelt.

Anders als die Simulationen in KESSLERs Arbeit annehmen lassen, führt der Ersatz der zuerst angeströmten Führungsrolle durch ein Profil in dieser Arbeit nicht zu der erwarteten Verbesserung der Waschleistung. Die Eingangsgeschwindigkeit des Wasserstroms spielt dabei eine große Rolle. Durch den hier verwendeten Versuchsaufbau konnten die Geschwindigkeiten, die der Simulation zugrunde gelegt wurden, nicht erreicht werden. Mit ungefähr 0,05 m/s wurde hier in der praktischen Umsetzung lediglich ein Fünftel der Eingangsgeschwindigkeit realisiert, die in den theoretischen Überlegungen angenommen wurde. Es lässt sich folglich nicht ausschließen, dass eine Steigerung der Einlaufgeschwindigkeit des Waschwassers zu verbesserten Waschergebnissen führt. Eine Wiederholung der Versuchsreihe mit höheren Volumenströmen wäre somit aufgrund des Potentials interessant.

5.4 Gesamtfazit

Ein Vergleich der Ergebnisse zeigt, dass die Turbulenzstraße mit Abstand die besten Waschresultate liefert. Die Ergebnisse sind bis auf wenige Ausnahmen konstant gering und belaufen sich auf ein Hundertstel Prozent an Restbestand. Trotz kürzester Verweilzeit konnten so wesentlich bessere Ergebnisse erzielt werden. Neben der Verweilzeit ist bei dem Konzept mit der Führungsschiene auch das verbrauchte Wasservolumen pro Minute im Vergleich zu den anderen Konzepten am kleinsten. Da durch den Volumenstrom nur die Schiene ausgefüllt werden muss, reicht ein kleiner Wasserstrahl aus. Die Maximalstärke des Hauptvolumenstroms liegt bei einem Durchfluss von 1,0 l/min. Bei Einsatz der Turbulenzdüsen kommen 330 ml pro Minute hinzu, was eine Summe von 1,33 l/min ergibt. Mit dieser maximalen Durchflussmenge liegt dieses Prinzip weit unter der benötigten Waschwassermenge des Konzepts mit dem Flügelprofil. Da das konventionelle Waschbad mit zunehmendem Volumenstrom bessere Ergebnisse liefert und bei Maximaleinstellung 10,2 l/min an Wasser durch das Waschbad laufen, liegt auch hier eine deutliche Waschwasserreduktion durch Verwendung der Turbulenzstraße vor.

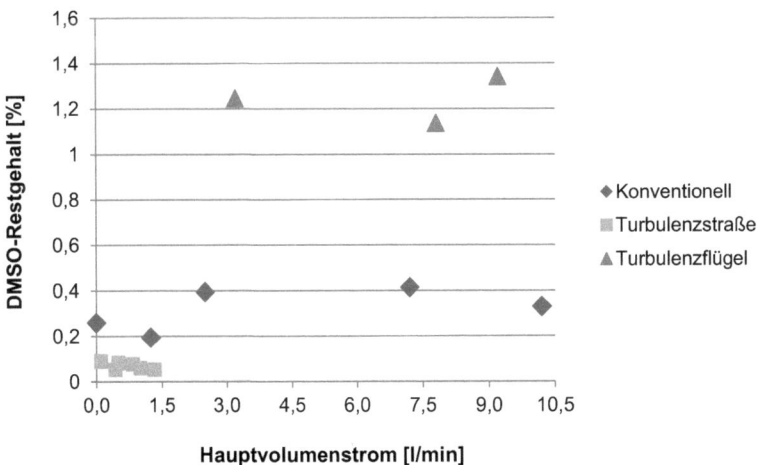

In Abb. 5.16 sind die erzielten DMSO-Restgehalte der drei Versuchsreihen über den eingestellten Hauptvolumenströmen aufgetragen. Anhand des Diagramms ist zu erkennen, dass die Konzepte untereinander deutlich unterschiedliche, separat jedoch zu relativ konstante Niveaus hinsichtlich des restlichen Lösungsmittelbestandes tendieren. In der Annahme, dass die entgegenströmende Wassermenge einen großen Einfluss auf das Ergebnis ausübt, hebt sich das Konzept der kontrollierten Faserführungsschiene eindeutig als die effizienteste Methode hervor.

Die Turbulenzstraße reduziert nicht nur die Waschwassermenge, sondern optimiert den Waschprozess auch dahingehend, dass das Lösungsmittel pro Waschstufe noch besser aus der Faser herausgelöst werden kann, wie die geringen Restwerte zeigen. Dies ist ein interessanter Nebeneffekt, der in dieser Arbeit nicht Schwerpunkt der Betrachtung ist. Sollte dies durch weitere Forschung bestätigt werden, hätte das erhebliche Folgen für die Ausrichtung der Anlage und könnte dazu beitragen, dass nicht nur die Menge des benötigten Waschwassers, sondern auch die notwendige Anzahl an

Waschstufen reduziert werden kann. Dies würde einen zusätzlichen Effekt auf die Investitionskosten ausüben.

Das schlechteste Resultat liefert das Turbulenzprofil. Trotz KESSLERs Simulationsergebnisse, die durch das Profil eine verbesserte Waschleistung voraussagen, fällt selbst das beste Ergebnis wesentlich schlechter als bei den anderen Methoden aus. Die erwartete verbesserte Waschleistung wird nicht bestätigt.

Zur Veranschaulichung, werden die vorgestellten Ergebnisse im Folgenden mit den Berechnungen aus Abschnitt 4.2 zusammengebracht. Dadurch wird sich zeigen, wie viel Kosten durch die Veränderung des Waschprozesses eingespart werden können und was dies für die Herstellungskosten der Precursoren und folglich der Carbonfasern bedeutet. Die Berechnungen werden aufgrund der positiven Ergebnisse mit den Daten der Turbulenzstraße aufgestellt. Als Einstellungen werden die eingesetzten Turbulenzdüsen bei größtem Hauptvolumenstrom gewählt. Der Anstellwinkel ist für die wirtschaftliche Betrachtung der Ergebnisse irrelevant.

6 Wirtschaftliche Betrachtung der Ergebnisse

Die anhand der Turbulenzstraße ermittelten Daten zeigen, dass die stündliche Durchflussmenge des Waschwassers auf 79,8 Liter reduziert werden kann. Im Vergleich zur Ausgangsmenge von 4.811,0 l/h entspricht das einer Senkung auf 1,66 %. Diese drastische Reduktion führt dazu, dass die Gesamtkosten für den Lösungsmittelrückgewinnungsprozess von 555,33 €/h auf 318,24 €/h verringert werden. Die mathematischen Zwischenschritte werden im Folgenden erläutert.

Die Wertschöpfung eines kg Carbonfasern setzt sich aus den Kosten für Rohstoffe und den Kosten für die drei Hauptprozessschritte Polymerisation, Precursorproduktion und Carbonfaserproduktion (vergleiche Kapitel 2) zusammen. Für den in dieser Arbeit beschriebenen Prozess der Carbonfaserherstellung belaufen sich die gesamten Herstellungskosten auf 22,15 €/kg [Emi11]. In Abb. 6.1 ist der Einfluss der reduzierten Waschwassermenge auf die Herstellungskosten abgebildet. Durch den modifizierten Waschprozess ist es möglich, die Herstellungskosten eines kg Carbonfasern auf 20,90 € zu senken. Das entspricht einer Senkung um 5,6 %. Die Zusammensetzung der Produktionskosten ist Abb. 6.2 zu entnehmen.

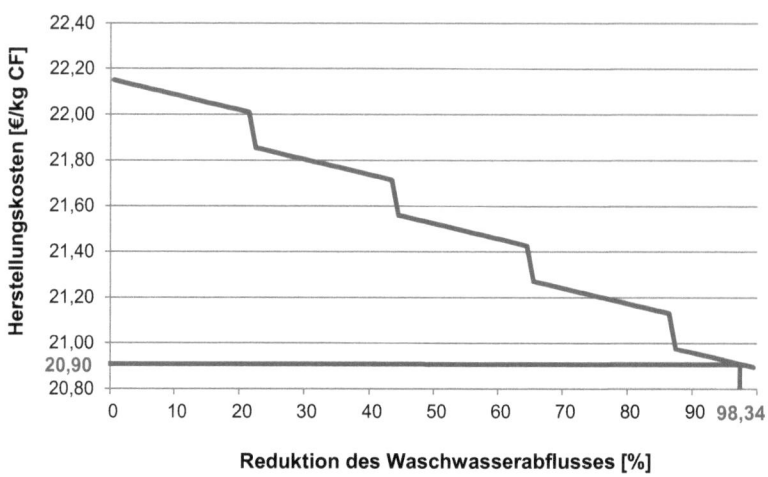

Abb. 6.1: Kostensenkung eines kg Carbonfasern in Abhängigkeit des reduzierten Waschwasserabflusses

Wie in Abschnitt 4.2 beschrieben, fließen die Kosten der Lösungsmittelrückgewinnung mit 52,3 % in die Herstellungskosten der Precursorproduktion ein. Die gesamte Abflussmenge, die der Lösungsmittelrückgewinnung zufließt, beläuft sich auf 10.407,3 l/h. Davon sind 46,2 % auf den Waschprozess zurückzuführen. Die Reduktion der Abwassermenge aus dem Waschprozess bewirkt zunächst eine Abnahme der Betriebskosten. Neben der geringeren Menge an benötigtem Waschwasser wird gleichzeitig der Energiebedarf des Destillationsprozesses reduziert, da eine deutlich geringere Abwassermenge erwärmt werden muss. Das hat zusätzliche Auswirkungen auf die Energiekosten. Der unstetige Kurvenverlauf deutet darauf hin, dass durch den veränderten Waschprozess auch die kalkulatorischen und die Personalkosten beeinflusst werden. Insgesamt ergibt sich für die Kosten des Lösungsmittelrückgewinnungsprozesses eine Summe von 318,24 €/h. Damit wird das Kostensenkungspotential des Waschprozesses durch Verringerung der benötigten Waschwassermenge bestätigt.

60

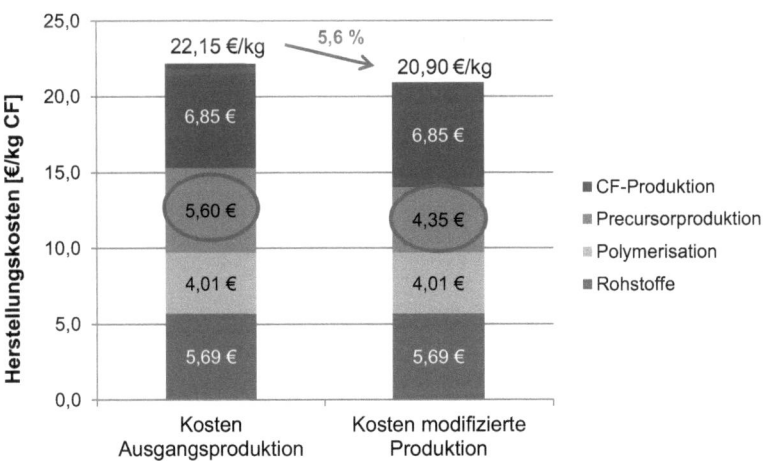

Abb. 6.2: Aufstellung der Herstellungskosten pro kg Carbonfasern mit und ohne modifizierten Waschprozess

Für die Berechnung der neuen Herstellungskosten bedeutet dies Folgendes: Als Teilprozess der Precursorproduktion können sich die Konsequenzen durch eine Modifizierung des Waschprozesses nur auf den Anteil der Herstellungskosten auswirken, welcher der Precursorproduktion zugerechnet wird. Wie in Abb. 6.2 gezeigt, folgt daraus, dass lediglich die 5,60 €/kg CF durch Verringerung der Waschwassermenge beeinflusst werden. Davon entfallen 2,93 €/kg auf den Rückgewinnungsprozess des Lösungsmittels. Eine Senkung der Gesamtkosten für diesen Teilprozess um 42,7 % bedeutet somit auch eine Senkung der darauf zurückgeführten Herstellungskosten in selber Höhe. Durch die modifizierte Anlage kann der Kostenbeitrag pro kg Carbonfasern, der durch die Lösungsmittelrückgewinnung verursacht wird, somit um 1,25 €/kg gesenkt werden. Die Höhe der Kosten, die durch die Precursorproduktion in die Wertschöpfung der Carbonfasern eingeht, beläuft sich mit den neuen Prozessdaten folglich auf 4,35 €/kg CF.

Dabei ist allerdings zu beachten, dass die ermittelten Einsparungen anfallende Investitionskosten nicht berücksichtigen. Umrüstungen im Waschprozess können zu einem höheren Anteil der kalkulatorischen Kosten führen. Im Gegensatz dazu lassen die Ergebnisse vermuten, dass neben der geringeren Waschwassermenge auch eine kleinere Anzahl an Waschstufen benötigt wird, um die verbesserte Waschleistung zu erzielen. Durch die Schrumpfung des Waschprozesses und einer Verkleinerung der Lösungsmittelrückgewinnungsanlage, die aus dem reduzierten Abwasserzufluss resultiert, besteht ein möglicher Ausgleich des Anstiegs und der Senkung der Fixkosten, sodass der Effekt der Kostenersparnis insgesamt überwiegt.

7   Fazit und Ausblick

Anhand der vorgestellten Experimente kann mit dieser Arbeit gezeigt werden, dass der Waschprozess eine vielversprechende Möglichkeit darstellt, die Herstellungskosten für CF-Precursoren erheblich zu senken. Die berechnete Kosteneinsparung von nahezu 40 % ist durch einfache technische Veränderungen im Waschprozess umsetzbar.

Die durchgeführten Versuche können zwar untereinander verglichen werden, stellen aber aufgrund mangelnder Präzision in der Versuchsdurchführung einzeln betrachtet keine vertrauenswürdige Entscheidungsbasis für eine Veränderung des Waschprozesses dar. Allgemein lässt sich durch einen Vergleich aller drei Konzepte erkennen, dass der Waschprozess großes Optimierungspotential aufweist. Um aussagekräftige Ergebnisse zu generieren, müssen die Versuche mit präziserer Durchführung wiederholt werden. Die ungenaue Versuchsdurchführung und Justierung der Prozessparameter führt zu starken Schwankungen der Ergebnisse und lässt außer tendenziellen Vermutungen keine konkreten Schlussfolgerungen zu.

Aufgrund der vielversprechenden Ergebnisse sollten vor allem die Versuche für die Turbulenzstraße mit der kontrollierten Faserführungsschiene wiederholt werden. Hier bietet es sich an, zunächst den Einfluss der Turbulenzdüsen in Variation mit vielen kleinen Abstufungen des Volumenstroms bei einem konstanten Anstellwinkel zu untersuchen. Dadurch sollte sowohl der Einfluss der zusätzlich erzeugten Turbulenzen als auch das häufig beobachtete Aufteilungsverhalten der Faser ergründet werden. Eine Simulation des Turbulenzverhaltens in der Schiene sollte hier hilfreich sein.

Ebenso sinnvoll erscheint eine erneute Durchführung der Versuche mit den verschiedenen Profilen. Eine manuelle Veränderung der Profilposition führt zu ungleichmäßigen Versuchsdurchführungen und schließlich zu verzerrten Ergebnissen. Da die entstehenden Turbulenzen stark vom Anstellwinkel des Profils abhängen, sollte auf eine gleichmäßige Einstellung besonders geachtet werden. Je nach Ausrichtung verändert sich der Nachlauf, so dass auch die präzise Faserführung eine große Rolle spielt. Es ist denkbar, dass dieses Konzept durch eine längere Verweilzeit der Faser pro Waschbad bessere Ergebnisse liefert, so dass zusätzlich Überlegungen angestellt werden sollten, wie die Fasern geschickt durch das Waschbad gelenkt werden kann. Zudem wurde die für die Erzeugung eines ausreichenden Nachlaufs benötigte Durchlaufgeschwindigkeit des Wassers nicht erreicht, wodurch eine erneute Versuchsdurchführung mit höheren Durchflussraten bessere Ergebnisse liefern sollte.

Allgemein bestätigt sich anhand der durchgeführten Experimente das Optimierungspotential des Waschprozesses. Die Auswertungen zeigen nicht nur eine 60-fache Reduzierung der Waschwassermenge, sondern gleichzeitig auch eine verbesserte Waschleistung. Daraus lässt sich schließen, dass sowohl die Waschwassermenge als auch die Anzahl an notwendigen Waschstufen reduzierbar sind und hier noch weiteres Kostensenkungspotential besteht. Um dies zu bestätigen, muss zu den einzelnen Versuchswiederholungen zusätzlich untersucht werden, wie viele Waschstufen je Waschprinzip benötigt werden, um eine nahezu vollständig vom Lösungsmittel befreite Faser zu erhalten. Erst mit bekannter Anzahl der Waschstufen ist eine genaue Ermittlung der Kosten der jeweiligen Anlagen möglich.

Bestätigt sich die Vermutung, dass der Anlagenumfang durch Veränderung des Waschprozesses und der geringeren Durchflussmenge verkleinert werden kann, zieht dies Folgen sowohl für die Investitions- als auch für die Personalkosten nach sich. Investitionstechnisch verändert sich sowohl der Umfang des Waschprozesses als auch des Lösungsmittelrückgewinnungsprozesses. Da Letzteres ein personalintensiver Prozess ist, bedeutet eine Kostenersparnis von knapp 10 % bei einem Bedarf von 11 Personen pro Schicht rechnerisch eine Einsparung von einem Angestellten.

Insgesamt beeinflusst die Modifizierung des Waschprozesses mehrere Kostenarten und führt vermutlich zu einer noch höheren Senkung der Herstellungskosten als hier angegeben. Dabei gilt es jedoch zu beachten, dass auf Basis der quantitativen Ergebnisse der Experimente nur

Vermutungen hinsichtlich der Konsequenzen für die Kosten geäußert werden können. Einen definitiven Schluss für die Umsetzung an einer industriellen Anlage ist kritisch zu betrachten. Eine gewisse Präzision der Messungen muss zugrunde gelegt werden können. Abweichungen wurden als minimal angenommen, können allerdings erhebliche Folgen auf das Strömungs- und Turbulenzverhalten und folglich auf die Waschleistung haben.

Den berechneten Einsparungspotentialen wurde die experimentell maximal mögliche Reduzierung des Waschwassers zugrunde gelegt. Hierbei stellt sich allerdings die Frage, ob die Einstellung so geringer Durchflussraten im Industriemaßstab prozesstechnisch realisierbar und vor allem sinnvoll ist. Daraus hervorgehend sollte überprüft werden, ob die Prozesssicherheit unter diesen Umständen noch gewährleistet werden kann.

Unter Annahme der Gültigkeit der Ergebnisse führt der modifizierte Waschprozess unter Verwendung der Turbulenzstraße bei einer Jahresproduktion von 1.600 t Carbonfasern zu einer Kostenminderung von 2.000.000 € jährlich. Somit wird gezeigt, dass die Senkung der Herstellungskosten durch eine einfache und schnelle technische Modifizierung möglich ist. Es bestätigt sich, dass die aufwendige Produktion von Kohlenstofffasern noch viel Einsparungspotential birgt, um Carbonfasern zukünftig im großen Maßstab im Markt zu etablieren.

8 Quellenverzeichnis

[AVK10] AVK – Industrievereinigung Verstärkte Kunststoffe e.V.:
Handbuch Faserverbundkunststoffe
3. Auflage – Wiesbaden: Vieweg+Teubner, 2010

[Emi11] Emigholz, J.:
Analyse der Wettbewerbsfähigkeit von Hochlohnländern in der
Produktion von Hochleistungswerkstoffen am Beispiel der
Carbonfaserherstellung
Aachen: RWTH Aachen University, Diplomarbeit, 2011, Eigenverlag

[Fou99] Fourné, F.:
Synthetic Fibers: Machines and Equipment, Manufacture,
Properties.
München, Carl Hanser Verlag München, 1999

[GRS02] Gries, T.; Rixe, C.; Steffens, M.:
Polyacrylfasern
6. Aufl. – Aachen: eigener Verlag, 2002

[Hut05] Hutchinson, S.:
Thermoplastic polyacrylonitrile: investigation of polymer structure,
melt behavior and fiber properties.
Releigh, College of Textiles, Master-Thesis, 2005

[JH10] Jäger, H.; Hauke, T.:
Carbonfasern und ihre Verbundwerkstoffe – Herstellungsprozesse,
Anwendungen und Marktentwicklung
1. Aufl. – München: Verlag Moderne Industrie, 2010

[Kes12] Kessler, C.:
Modellierung des Herstellungsprozesses von PAN-Vorläuferfasern
mithilfe numerischer Strömungssimulation
Aachen: RWTH Aachen University, Projektarbeit, 2012, Eigenverlag

[Mas95] Masson, J.:
Acyrlic Fiber Technology and Applications.
Mooresville, North Carolina: Marcel Dekker Inc., 1995

[Mor05] Morgan, P.:
Carbon fibers and their composites.
Boca Raton, Florida: Taylor & Francis, 2005

[Mon63] Monsanto Chemical Company AG:
Method and Apparatus for Wet Spinning Polyacrylonitrile Filaments.
American Patent 936758. Veröffentlichungstag 11.09.1963

[Rex12] Rexin, V.:
Wirtschaftliche Betrachtung und technische Weiterentwicklung des
Herstellungsprozesses von Carbonfaser-Precursoren
Aachen: RWTH Aachen University, Bachelorarbeit, 2012,
Eigenverlag

[SSF+86]   Sugimori, T.; Shiraishi, Y.; Fukui, Y.; Fukahori, N.:
Production of acrylic fiber.
Japanese Patent 61108715 A. Veröffentlichungstag 27.05.1986

[Wag88] Wagner, W.:
Das Trockenspinnverfahren und seine Weiterentwicklung
Österreichisches Chemiefaser-Institut (Hrsg.):
Internationale Chemiefasertagung, Dornbirn, Österreich, 21. – 23.
September 1988

 [War11] Warren, C. David:
Low Cost Carbon Fiber Overview
Oak Ridge National Laboratory (Hrsg.) Oak Ridge: eigener Verlag,
2011

[WWS+11]   Wilms, C.; Warnecke, M.; Seide, G.; Gries, T.:
Hochmodulfasern im Automobilbau – Einsatz und Potenzialanalyse
LightweightDesign 2011-01, S. 34-38

[www08] http://www.carbon-blog.de/eigenschaftencarbon/,
     abgerufen am 22.10.2013

[www12a]   http://www.focus.de/wissen/technik/mobilitaet/tid-
     25938/serie-die-groessten-herausforderungen-der-energiewende-
     schoene-neue-elektorautowelt_aid_758477.html,
     abgerufen am 05.10.2013

[www12b]   http://www.ingenieur.de/Themen/Kunststoffe/CFK-Hohe-
     Kosten-blockieren-Durchbruch-am-Massenmarkt,
     abgerufen am 05.10.2013

[www13a]   http://www.dw.de/bmw-setzt-beim-elektroauto-auf-
     carbon/a-17093234,
     abgerufen am 05.10.2013

[www13b]   http://www.carbon-composites.eu/sites/carbon-
     composites.eu/files/anhaenge/13/09/17/ccev-avk-
     marktbericht_2013-final-deutsch-bj.pdf,
     abgerufen am 05.10.2013

[www13c]   http://www.gaylordchemical.com/index.php?page=replace-
     dmf-with-dmso,
     abgerufen am 08.11.2013

[www13d]   http://de.wikipedia.org/wiki/Thermogravimetrische_Analyse,
     abgerufen am 03.01.2014

[www13e]   http://de.wikipedia.org/wiki/Dimethylsulfoxid,
     abgerufen am 03.01.2014

[www14] http://www.lkt.uni-
     erlangen.de/publikationen/buecher/Leseprobe_ptak.pdf, abgerufen
     am 03.01.2014

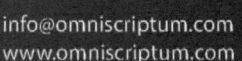

Printed by Books on Demand GmbH, Norderstedt / Germany